"1＋X"职业技能等级证书系列教材
建筑信息模型（BIM）技术员培训教程

建筑设备 BIM 技术应用

中国建设教育协会　组织编写
黄亚斌　王艳敏　主编
周　稀　初守豪　副主编
谭光伟　主审

U0376270

中国建筑工业出版社

图书在版编目（CIP）数据

建筑设备 BIM 技术应用/黄亚斌，王艳敏主编. —北京：中国建筑工业出版社，2019.10
"1＋X"职业技能等级证书系列教材 建筑信息模型（BIM）技术员培训教程
ISBN 978-7-112-24331-0

Ⅰ.①建… Ⅱ.①黄…②王… Ⅲ.①房屋建筑设备-建筑设计-计算机辅助设计-应用软件-技术培训-教材 Ⅳ.①TU8-39

中国版本图书馆 CIP 数据核字（2019）第 223483 号

　　本书共 8 章，分别是：Autodesk Revit 及柏慕软件简介、建筑设备专业基础知识概述、建筑设备 BIM 模型标准、设备模型案例、建筑设备 BIM 深化设计、各专业 BIM 协同应用与信息管理、管线综合图制图、工程量统计。本书从宏观的视角出发，结合具体案例进行了阐述讲解，不局限于对操作步骤的阐述，同时还对于专业的知识进行了讲解，做到与时俱进，产教融合。

　　本书可供"1＋X"建筑信息模型（BIM）职业技能等级证书参考人员，住房城乡建设领域 BIM 技术人员，各类 BIM 职业技能考试人员、培训人员以及建筑行业高校、高职、中职院校的师生使用。

　　为便于本课程教学与学习，作者自制课堂资源，可加《建筑设备 BIM 技术应用》交流 QQ 群 726476939 索取。

《建筑设备 BIM 技术应用》交流 QQ 群

责任编辑：陈　桦　胡欣蕊
责任校对：芦欣甜

"1＋X"职业技能等级证书系列教材
建筑信息模型（BIM）技术员培训教程
建筑设备 BIM 技术应用
中国建设教育协会　组织编写
黄亚斌　王艳敏　主编
周　稀　初守豪　副主编
谭光伟　主审

*

中国建筑工业出版社出版、发行（北京海淀三里河路 9 号）
各地新华书店、建筑书店经销
北京佳捷真科技发展有限公司制版
天津安泰印刷有限公司印刷

*

开本：787×1092 毫米　1/16　印张：10¾　字数：268 千字
2019 年 12 月第一版　2019 年 12 月第一次印刷
定价：32.00 元（赠课件）
ISBN 978-7-112-24331-0
（34828）

本书编委会

主　编：黄亚斌　　王艳敏
副主编：周　稀　　初守豪
参　编：王　华　　廖江宏　　涂红忠　　杨曙光　　尚宏彦
　　　　付庆良　　谢晓磊　　吕　朋　　汪萌萌　　陈旭洪
　　　　李　签　　潘正阳　　陈雪松　　翟少锋　　梁凌琦
　　　　丁　旭　　姚家乐　　孙旭哲　　张　超　　蒲　俊
　　　　冯　涛　　高素霞　　李　铖　　刘　杰　　张　健
　　　　张东东　　刘　喆　　罗嗣河　　王丽丽　　孔凡广
　　　　胡　敏　　高倩倩　　杨玉清　　麻子飞　　陈德明
　　　　周　前　　程　峰　　江国华　　杨　洋

前 言

　　本教材由中国建设教育协会组织企业和院校专家编写。来自北京柏慕进业工程咨询有限公司的黄亚斌携手哈尔滨工业大学王艳敏老师参与了本教材的编写工作，以柏慕历年的实操经典案例结合教师专家团队的专业知识讲解，在建模基础上采用国内 BIM 应用先进企业普遍认同的三道墙（基墙与内外装饰墙体分别绘制），三道楼板（建筑面层与结构楼板及顶棚做法分别绘制）的建模规则，在建筑材料和构件的选用上调用柏慕族库，保证了BIM 模型的标准统一及体系化应用的基础；BIM 模型的出图算量与数据管理的有机统一，保证了院校 BIM 教育的技术先进性；技术应用的先进性也保证了学生就业的质量。

　　随着 BIM 技术的应用推广，院校的 BIM 教育也日渐普及，各类 BIM 教材也陆续出版发行。如何使得我们的教育能够和 BIM 技术的发展与时俱进；如何使院校师生能够学以致用参与到真实项目中创造更多的社会价值；如何使 BIM 教学与实践及科研密切结合，培养更多符合社会发展需求的 BIM 应用型人才？成为 BIM 教育急需解决的问题。

　　北京柏慕进业工程咨询有限公司，以下简称为"柏慕中国"，柏慕中国作为 1＋X 项目合作单位，历年中国 Revit 官方教材编写单位，中国第一家 BIM 咨询培训企业和 BIM 实战应用及创业人才的黄埔军校，针对以上三个高校 BIM 教育需求，组织开展了以下三个方面的工作，寻求推动 BIM 教育的可持续发展。

　　第一方面，如何使院校教育与 BIM 技术发展与时俱进？

　　BIM 技术发展到今天，已经形成了正向设计全专业出图，自动生成国标实物工程量清单，同时可以应用模型信息进行设计分析，施工自控管理及运维管理的建筑全生命周期的应用体系。而不再是简单的 Revit 建模可视化和管线综合应用。

　　实现 BIM 技术的体系化应用，不仅需要模型的标准化创建，还需要实现模型信息的标准化管理。国家 BIM 标准指明了模型信息的应用方向，采用列举法说明了信息的各项应用。但是在具体工程应用中信息参数需要逐项枚举，才能保证信息统一。因此柏慕与清华大学的马智亮教授及其博士毕业生联合成立了 BIM 模型 MVD 数据标准的研发团队，建立建筑信息在各阶段应用的数据管理框架结构，并采用枚举法逐项列举信息参数命名。此研究成果对社会完全开放；在模型的标准化上，柏慕历经七年完成的国标建筑材料库及民用建筑全专业通用族库也面向社会开放。

　　第二方面，如何能够使高校师生学以致用参与到真实项目中创造更多社会价值？

　　本系列教材的出版只是实现了技术普及，工科教育的项目实践环节至关重要；在项目实践方面，现代师徒制的传帮带体系很重要。对于院校的 BIM 项目实践，柏慕作为使用本系列教材的后续支持，提供了两种解决方案。对有条件开展项目实训的学校，柏慕派驻项目经理长驻半年到一年，帮助学校建立 BIM 双创中心，每年提供一定数量的真实项目，带领学生进行真题假做训练、真题真做及毕业设计协同的项目实训；组织同学进行授课训练，在学校内外开展宣传；组织各类研讨活动，开展 BIM 认证辅导培训，项目接洽及合同谈判。真题真做的项目计划意在对学生的团队分工协作及管理等各类 BIM 项目经理能力培养；对没有条件开展项目实训的学校，柏慕与高校合作开展各类师生 BIM 培训，发现有志于创业的优秀学员，选送柏慕总部实训基地集中培养半年到一年，学成后派回原学校开展 BIM 创业。每个创业团队都可以带 20～50 名学生参与项目实践，几年下来，以项目实践为基础的现代师徒制传帮带的体系就可以在高校生根发芽，蓬勃发展。

授人鱼不如授人以渔。柏慕提供的 BIM 人才培养模式使得高校的 BIM 教育具备了自我再生造血的机制，从而实现可持续发展。

院校对创新创业团队具备得天独厚的吸引力：上有国家政策支持，下有场地，有设备，更有一大批求知实践欲望强烈的学生和老师。BIM 技术的人才缺口，使得本书应运而生。

第三方面，如何使 BIM 教学与实践及科研密切结合，培养更多符合社会发展需求的 BIM 应用型人才？

通过 BIM 教材的推广使用及推进院校 BIM 双创基地建设，柏慕中国在全国各地就具备了一大批能够参与 BIM 项目实践的团队。全国建筑类院校有两千多所，每年的毕业生近百万，如何加强学校间的内部交流学习、与社会企业的横向课题研究及项目合作包括就业创业需要一个项目平台来维系。BIM 作为一个覆盖整个建筑产业的新技术，柏慕工场——BIM 项目外包服务平台应运而生。它包括发项目、找项目、柏慕课堂、人才招聘及就业、创业工作室等几大版块，通过全国 BIM 项目共享，开展全国大赛、各地研讨会及人才推荐会，为院校 BIM 教育的产学研合作搭建桥梁。

总而言之，我们希望通过系列 BIM 教材的出版、材料库、构件库及数据标准共享，实现统一的模型及数据标准，从而实现全行业协同及异地协同；通过帮助院校建立 BIM 双创基地，引入项目实践必须的现代师徒制的传帮带体系，使得院校的 BIM 教育具备了自我再生造血的机制，从而实现可持续发展；再通过柏慕工场项目外包平台实现聚集效应，实现品牌、技术、项目资源、就业及创业的资源整合和共享，搭建学校与企业之间的项目及人才就业合作桥梁！

随着互联网共享经济时代的来临，面对院校 BIM 教育的机遇和挑战，谨希望以此教材的出版及后续院校 BIM 双创基地建设和柏慕工场的平台支持，推动中国 BIM 事业的共享、共赢、携手同行！

目 录

▶▶ 第1章 Autodesk Revit 及柏慕软件简介

1.1 Autodesk Revit 简介

Autodesk Revit（简称 Revit）是 Autodesk 公司一套系列软件的名称。Revit 系列软件是专为建筑信息模型（BIM）构建的，可帮助建筑设计师设计、建造和维护质量更好、能效更高的建筑。Revit 是我国建筑业 BIM 体系中使用最广泛的软件之一。

1.1.1 Revit 软件

Revit 提供支持建筑设计、MEP 工程设计和结构工程的工具。

Revit 软件可以按照建筑师和设计师的思考方式进行设计，因此，可以提供更高质量、更加精确的建筑设计。通过使用专为支持建筑信息模型工作流而构建的工具，可以获取并分析概念，强大的建筑设计工具可帮助使用者捕捉和分析概念，以及保持从设计到建造的各个阶段的一致性。

Revit 向暖通、电气和给水排水（MEP）工程师提供工具，可以设计最复杂的建筑设备系统。Revit 支持建筑信息建模（BIM），可帮助从更复杂的建筑系统导出概念到建造的精确设计、分析和文档等数据。使用信息丰富的模型可以在整个建筑生命周期中支持建筑系统。为暖通、电气和给水排水（MEP）工程师构建的工具可帮助使用者设计和分析高效的建筑设备系统以及为这些系统编档。

Revit 软件为结构工程师提供了工具，可以更加精确地设计和建造高效的建筑结构系统。为支持建筑信息建模（BIM）而构建的 Revit 可帮助使用者使用智能模型，通过模拟和分析深入了解项目，并在施工前预测性能。使用智能模型中固有的坐标和一致信息，提高文档设计的精确度。

1.1.2 Revit 样板

项目样板文件在实际设计过程中起到非常重要的作用，它统一的标准设置为设计提供了便利，在满足设计标准的同时大大提高了设计师的效率。

项目样板提供项目的初始状态。每一个 Revit 软件中都提供几个默认的样板文件，也可以创建自己的样板。基于样板的任意新项目均继承来自样板的所有族、设置（如单位、填充样式、线样式、线宽和视图比例）以及几何图形。样板文件是一个系统性文件，其中的很多内容来源于设计中的日积月累。

Revit 样板文件以 Rte 为扩展名。使用合适的样板,有助于快速开展项目。国内比较通用的 Revit 样板文件,例如 Revit 中国本地化样板,有集合国家规范化标准和常用族等优势。

1.1.3 Revit 族库

Revit 族库就是把大量 Revit 族按照特性、参数等属性分类归档而成的数据库。相关行业企业或组织随着项目的开展和深入,都会积累到一套自己独有的族库。在以后的工作中,可直接调用族库数据,并根据实际情况修改参数,便可提高工作效率。Revit 族库可以说是一种无形的知识生产力。族库的质量,是相关行业企业或组织的核心竞争力的一种体现。

1.2 柏慕软件简介

1.2.1 柏慕软件产品特点

柏慕软件——BIM 标准化应用系统产品是一款非功能型软件,固化并集成了柏慕 BIM 标准化技术体系,经过数十个项目的测试研究,基本实现了 BIM 材质库、族库、出图规则、建模命名规则、国标清单项目编码以及施工运维的各项信息管理的有机统一,它提供了一系列功能,涵盖了 IDM 过程标准,MVD 数据标准,IFD 编码标准,并且包含了一系列诸如工作流程、建模规则、编码规则、标准库文件等,使得 Revit 支持我国建筑工程设计规范,且可以大幅度提升设计人员工作效率,初步形成 BIM 标准化应用体系,并具备以下五个突出的功能特点:

1)全专业施工图出图
2)国标清单工程量
3)导出中国规范的 DWG
4)批量添加数据参数
5)施工、运维信息标准化管理

1.2.2 标准化库文件介绍

柏慕标准化库文件共四大类,分别为【柏慕材质库】【柏慕贴图库】【柏慕构件族库】【柏慕系统族库】。

1. 柏慕材质库

柏慕材质库对常用的材质和贴图进行了梳理分类,形成柏慕土建材质库、柏慕设备材质库和柏慕贴图库。柏慕材质库中土建部分所有的材质都添加了物理和热度参数，此参数参考了 AEC 材质《民用建筑热工设计规范》GB 50176-2016 和鸿业负荷软件中材质编辑器中的数据。材质参数中对材质图形和外观进行了设置，同时根据国家节能相关资料中的材料表重点增加物理和热度参数，便于节能和冷热负荷计算，如图 1-1 所示。

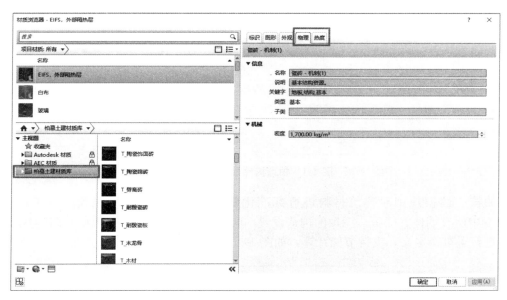

图 1-1　土建材质库

2. 柏慕贴图库

柏慕贴图库按照不同的用途划分，为柏慕材质库提供了效果支撑，便于后期渲染及效果表现，如图 1-2 所示。

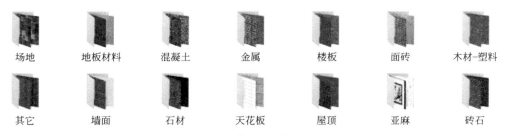

| 场地 | 地板材料 | 混凝土 | 金属 | 楼板 | 面砖 | 木材-塑料 |
| 其它 | 墙面 | 石材 | 天花板 | 屋顶 | 亚麻 | 砖石 |

图 1-2　柏慕贴图库部分内容

3. 柏慕构件族库

柏慕构件族库依据《建筑工程工程量清单计价规范》GB 50500-2013 对族进行了重新分类，并为族构件添加项目编码，所有族构件依托 MVD 数据标准添加设计、施工、运维阶段标准化共享参数数据，为打通全生命周期提供了有力的数据支撑。

柏慕族库实现云存储，由专业团队定期更新族库，规范族库标准，如图 1-3 所示。

4. 柏慕系统族库

柏慕系统族库依据《工程做法》05J909 以及【建筑、结构双标高】、【三道墙】、【三道

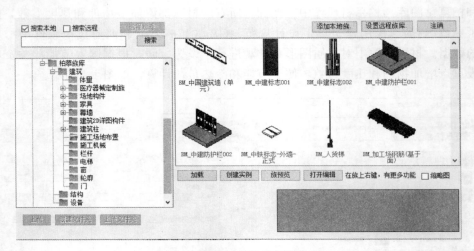

图 1-3　柏慕构件族库部分内容

板】的核心建模规则对建筑材料进行标准化制作。柏慕系统族库涵盖了《工程做法》05J909 中所有墙体、楼板、屋顶的构造设置，同时依据图集对所有材料的热阻参数及传热系数进行了重新定义，支持节能计算，如图 1-4 所示。

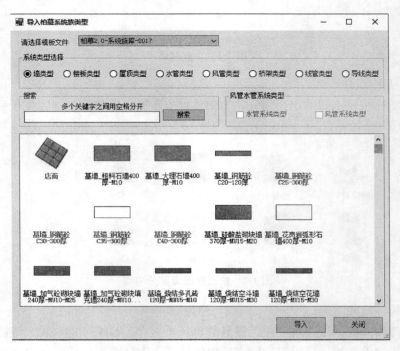

图 1-4　柏慕系统族库

柏慕系统族库中包含有标准化【水管类型】、【风管类型】、【桥架类型】、【电气线管类型】以及【导线类型】，并包含相应系统类型及符合国家标准的管段参数，为设备模型搭建提供标准化材料依据，如图 1-5 所示。

图 1-5　柏慕设备系统族

1.2.3　柏慕软件工具栏介绍

1.新建项目

柏慕软件中包含三个已制定好的项目样板文件，分别为【全专业样板】、【建筑结构样板】、【设备综合样板】。在插件命令中可以新建基于此样板为基础的项目文件，样板中包含了一系列统一的标准底层设置为设计提供了便利，在满足设计标准的同时大大提高了设计师的效率，如图 1-6 所示。

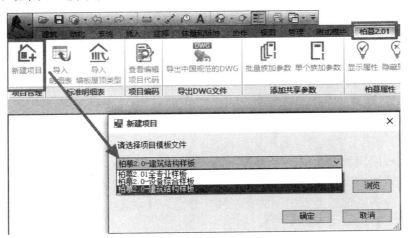

图 1-6　新建项目中的全专业样板

2. 导入明细表功能

【导入明细表】功能中，设置四大类明细表，分别为【国标工程量清单明细表】、【柏慕土建明细表】、【柏慕设备明细表】、【施工运维信息应用明细表】共创建了 165 个明细表，如图 1-7 所示。

图 1-7　导入明细表部分内容

明细表应用：

1）柏慕土建明细表及柏慕设备明细表应用于设计阶段，主要有【图纸目录】、【门窗表】、【设备材料表】及【常用构件】等用来辅助设计出图。

2）国标工程量清单明细表主要应用于算量。依据《建筑工程工程量清单计价规范》GB 50500-2013，优化 Revit 扣减建模规则，规范 Revit 清单格式。

施工运维信息应用明细表主要是结合【施工】、【运维阶段】所需信息，通过添加【共享参数】，应用于施工管理及运营维护阶段。

3. 导入墙板屋顶类型功能

导入柏慕系统族类型中，土建系统族类型共三种，分别为【墙类型】、【楼板类型】、【屋顶类型】，设备系统族类型中，共有 5 种，分别为【水管类型】、【风管类型】、【桥架类型】、【线管类型】以及【导线类型】，如图 1-8 所示。

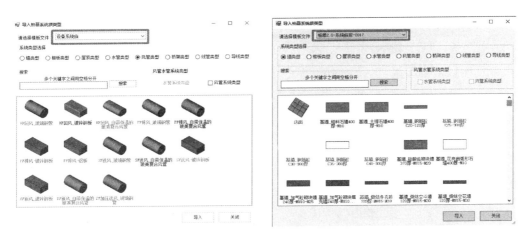

图 1-8　柏慕系统族类型中土建系统族类型和设备系统族类型

4. 查看编辑项目代码

柏慕构件库中，所有构件均包含 9 位项目编码，但每个项目或多或少都需要制作一些新的族构件，通过【查看编辑项目代码】这一命令，查看当前构件的项目编码，且可以进行替换和添加新的项目编码，如图 1-9 所示。

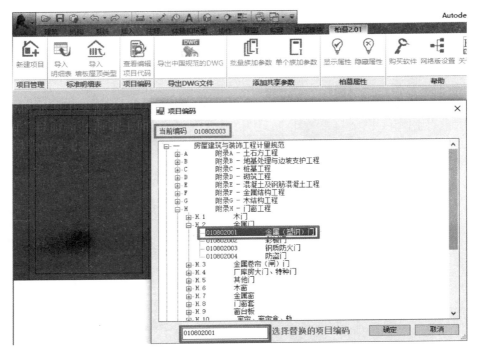

图 1-9　查看编辑项目代码过程图

5. 导出中国规范的 DWG

柏慕软件参考国家出图标准及天正等其他软件，设置【导出中国规范的 DWG】这一功能，直接导出符合中国制图标准的 DWG 文件，如图 1-10 所示。

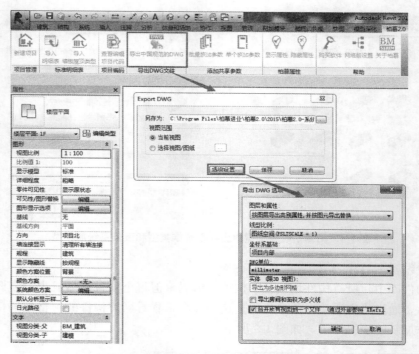

图 1-10　导出中国规范的 DWG 过程图

6. 批量族加参数

柏慕软件支持同时给样板和族库中所有的构件批量添加施工运维阶段等共享参数，直接跟下游行业的数据进行对接。

具体的参数值未添加，客户可根据实际项目自行添加，如图 1-11 所示。

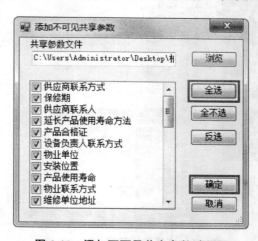

图 1-11　添加不可见共享参数过程图

7. 显示及隐藏属性

柏慕软件单独设置柏慕 BIM 属性栏，集成所有实例参数及类型参与于一个属性栏窗口，方便信息的集中管理，如图 1-12 所示。

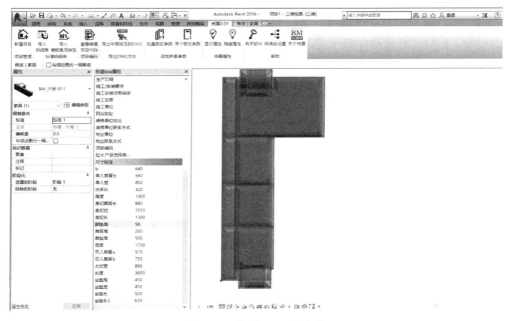

图 1-12　柏慕 BIM 属性栏

1.2.4　柏慕 BIM 标准化应用

1. 全专业施工图出图

柏慕标准化技术体系支持 Revit 模型与数据深度达到 LOD500，建筑、结构、设备各系统分开，分层搭建，满足各应用体系对模型和数据的要求。设计模型满足各专业出施工图、管线综合、室内精装修。标准化模型及数据具备可传递性，支持对模型深化应用，包括但不限于幕墙深化设计、钢结构深化设计，建筑设备安装图、施工进度模拟等应用。同时直接对接下游行业（如概预算、施工、运维）模型应用需求。

设计数据：直接出统计报表和计算书。

数据深化应用：模型构件均包含项目编码、产品信息、建造信息、运维信息等，直接对接下游行业（如概预算、施工、运维）信息管理需求。

出图与成果：各专业施工图。

建筑：平、立、剖面，部分详图等。

结构：模板图、梁、板、柱、墙钢筋施工图。

设备（水、暖、电）：平面图、部分详图。

专业综合：优化设计（包括碰撞检查、设计优化、管线综合等）。

2. 国标工程量清单

柏慕明细表分为：【柏慕 2.0 设备明细表】、【柏慕 2.0 土建明细表】、【国标工程量清单明细表】、【施工运维信息应用明细表】四类明细表，共创建了 165 个明细表。

明细表应用：

1）柏慕 2.0 设备明细表及柏慕 2.0 土建明细表主要应用于设计阶段，主要有【图纸目录】、【门窗表】、【设备材料表】及【常用构件】等用来辅助设计出图。

2）国标工程量清单明细表主要应用于算量。依据《建筑工程工程量清单计价规范》GB 50500-2013，优化 Revit 扣减建模规则，规范 Revit 清单格式。

3）施工运维信息应用明细表主要是结合【施工】、【运维阶段】所需信息，通过添加【共享参数】，应用于【施工管理】及【运营维护阶段】。

3. 数据信息标准化管理

柏慕 MVD 数据标准针对三大阶段【设计】、【施工】、【运维】，七个子项【建筑专业】、【结构专业】、【建筑设备专业】、【成本】、【进度】、【质量】、【安全】分别归纳其依据（国内外标准）及用途，形成标准的工作流，作为后续参数的录入阶段的参考，以确保数据的统一性。

通过柏慕【批量添加参数】功能将标准化的数据批量添加至构件，结合 Revit 明细表功能，实现一系列【数据标准化管理应用】；实现【设计】、【施工】、【运维】等多阶段的数据信息传递及应用。

▶ 第2章 建筑设备专业基础知识概述

2.1 建筑设备专业概述

2.1.1 建筑设备专业

当今经济快速发展，建筑的功能也在不断发生改变，人们对建筑物有了更高质量和更多功能的要求，也因此建筑、结构、水暖电等各专业正面临新的挑战。对于建筑设备专业来说，它包括暖通空调专业、给水排水专业、强电弱电电气专业，而这些专业又分别包含各自的系统。

1. 暖通空调专业概述

暖通空调在学术的全称为供热供燃气通风及空调工程，主要由供暖、通风、空气调节（Heating，Ventilating and Air Conditioning）三个方面组成。

供暖，是指通过供热管道将热源产生的热负荷供给给建筑物内的散热设备，保证室内温度满足人们的要求高于外界环境。室内供暖系统主要由三部分组成：热源、供热管道以及散热设备。供暖系统运行时，热源（如锅炉房、热交换站等）燃料燃烧产生热，将热媒加热生成的热水或蒸汽通过供热管道，输送到各个散热设备（如散热器、暖风机等），放热后回水沿水管返回锅炉，由此水不断地在系统中循环流动进行供暖。

通风，是指向某一房间或空间送入室外空气，由某一房间或空间排出空气的过程，以改善室内空气品质。通风主要作用于供给人体呼吸的氧气、稀释室内污染物或气味、除去室内多余热量或湿量等。按照空气输送的动力，通风系统分为机械通风和自然通风。风机作用使空气流动，造成房间通风换气，称作机械通风；依靠室内外空气的温差造成的热压，或者是室外风造成的风压，使得室内外空气进行交换，称作自然通风。按照通风的服务范围，通风系统分为全面通风和局部通风。全面通风，即把一定量的清洁空气送入房间以稀释室内污染物，并将室内等量空气连同污染物排到室外，使室内达到安全卫生标准；局部通风又分为局部进风和局部排风，原理都是控制局部气流，使局部工作区不受污染达到卫生要求。

空气调节，简称空调，是指用来对房间或空间内的温度、湿度、洁净度和空气流动速度进行调节，并提供足够量的新鲜空气的建筑环境控制系统。它是一个能同时实现多种功能的复杂过程，包括对空气的处理和输送并最终分配到空调区域。空调系统按用途可分为舒适性空调和工艺性空调；按照负荷介质种类不同，空调系统可分为全空气系统、全水系统、空气-水系统和冷剂系统；按照处理设备集中程度，分为集中式空调系统、半集中式空调系统和分散式空调系统；按照系统风量固定与否，分为定风量和变风量空调系统；按照系统风道内气体流速，分为低速（$v<8m/s$）和高速（$v=20\sim30m/s$）空调系统；按照系统精度不同，分为一般性空调系统和恒温恒湿系统；按照系统运行时间不同，分为全年性空调系统和季节性空调系统。

2. 给水排水专业概述

该专业在学术上的全称为给水排水科学与工程（Water Supply And Drainage），高职中职给水排水包括城市用水供给系统和排水系统。下面介绍建筑给水排水系统。

建筑给水又称建筑内部给水，也称室内给水，是将城市给水管网或自备水源给水管网的水引入室内，选用适用、经济、合理的供水方式、经配水管送至生活、生产和消防用水设备，满足各用水点对水量、水压和水质的要求。按照用途不同，可将建筑给水系统分为三类。生活给水系统，是指供居住建筑、公共建筑于工业建筑饮用、烹饪、盥洗、洗涤、沐浴、浇洒和冲洗等生活用水的给水系统，必须严格符合国家规定的生活饮用水卫生标准；生产给水系统，是指为工业企业生产方面用水所设的给水系统，如冷却用水、锅炉用水等；消防给水系统，是指以水作为灭火剂供消防扑救建筑火灾时的用水设施，如消火栓给水系统、自动喷水灭火系统、水幕系统、水喷雾灭火系统等，对水质要求可以不高，但要保证足够的水量以及水压。

建筑排水是将建筑内生活、生产中使用过的水收集并排放到室外的污水管道系统中。根据系统将污水、废水类型分为三类。生活排水系统，即用于排除居住、公共建筑及工厂生活间的盥洗、洗涤和冲洗便器等污废水，还可将其分为生活污水排水系统和生活废水排水系统；工业废水排水系统，即用于排除生产过程中产生的工业废水，也可以根据废水污染程度分为生产污水排水系统和生产废水排水系统；雨水排水系统，是用于收集并排除建筑屋面上的雨水和雪水。建筑内部排水体制可分为分流制和合流制，分别成为建筑内部分流排水和建筑内部合流排水。建筑内部分流排水指的是将建筑中的粪便污水与生活污水、工业中的生产污水与废水按各自的单独排水管道排除；建筑内部合流排水指的是将建筑中的两种或两种以上的污、废水合用一套排水管道系统排除。

3. 电气专业概述

建筑电气（Building Electrical）指的是，在有限的建筑空间内，利用现代先进的科学理论及电气技术所构建的电气平台，创造出人性化的生活环境。

建筑电气的门类繁多，我们常把电气装置安装工程中的照明、动力、变配电装置、35kV 及以下架空线路及电缆线路、桥式起重机电气线路、电梯、通信系统、广播系统、电缆电视、火灾自动报警器及自动消防系统、防盗保安系统、空调及冷库电气装置、建筑物内计算机监测控制系统及自动化仪表等，与建筑物关联的新建、扩建和改建的电气工程统一称作建筑电气工程。

通常情况下，可将建筑电气分为强电和弱电两大类。一般将动力、照明一类的基于高电压，大电流的输送能量的电力称作强电，包括供电、配电、照明、自动控制与调节，建筑与建筑物防雷保护等；相对强电而言的，将以传输信号，进行信息交换的电称作弱电，它是一个复杂的集成系统工程，包括通信、有线电视、时钟系统、火灾报警系统、安全防范系统等。强电弱电系统均是现代建筑不可或缺的电气工程。

2.1.2　建筑设备专业 BIM 应用

建筑物中的建筑设备系统，包括设计和施工两部分。其中设计是指设计院的建筑设备设计人员绘制管线、出图，但有时建筑设计可能由不同的设计院共同完成，这就导致各专业之间缺乏有效沟通，更不用提协调合作。在施工时，现场情况的不同也会使各专业不能及时协调，由此带来诸多问题，比如有些设备管线在安装时出现空间位置的交叉碰撞，从而引发施工停滞，可能引起大面积拆除返工，甚至导致整项方案重新修订。因此减少设计图纸的变更和施工过程的返工现象，是当前迫切需解决的问题。

20 世纪的中期，计算机技术逐渐渗透到建筑设计领域，特别是 BIM 技术的崛起为建筑设计行业带来一场新的革命。BIM 将各专业的管线位置、标高、连接方式及施工工艺先后进行模拟，给出了建筑物的三维模型，其中包括建筑的所有相应信息，对建筑设备来说，可以提供设备的材质，以及设备尺寸和性能参数，从而使得建筑物的所有信息实现了集成。运用 BIM 技术可在施工前完成复杂的管线排布及碰撞检测工作，检查设计的错、漏、碰等问题。总的来说，实现了多专业协同设计和全生命周期内的信息共享，提高了信息的传递效率，对建筑的设计、施工以及后期的管理维护有重大意义。

目前建筑设备专业的 BIM 设计中最大的障碍是 BIM 设计的观念与传统流程大相径庭。传统流程设计初期以抽象表达为主，旨在清晰表达设计意图、注重图面简洁，并且综合设计与专业设计分开，不需严格一致。而 BIM 设计直观准确且反映真实，一般根据专业图纸生成各专业模型，将其叠加而生成的综合模型必将存在不少碰撞冲突。选择从设计初期进行 BIM 的管线综合，好处是能实现深化设计，但这样会急剧增加工作量。如何平衡各专业设计进度与 BIM 综合设计深度，还需要大量的实践。

现阶段的实践中，各合作方软件应用的熟练度有限，工作流程也秉承着旧有模式。往往造成的工作量大增却无法解决真正设计的难点，比如花费大量时间解决走廊管线综合碰撞的问题，未来增加租赁空间又将走廊位置进行改动，等等。BIM 反映真实模型的优点（即在空间真实生成管道、设备、门窗、墙、梁、柱并能综合碰撞检查、多种方式显示碰撞位置，生成设备综合平面图、三位漫游和动画等）是一体两面的。因此只有合理高效有计划地使用 BIM 软件平台，才能扬长避短。

目前，建筑设备专业 BIM 有如下的研究热点：

1. 深化 BIM 软件平台的制图功能；

2. 合理使用 BIM 完成更有效的建筑设备管线协调；

3. 性能化软件与 BIM 模型的互导和协同。

其中当前的 BIM 技术可支持的性能化分析包括暖通负荷计算、光环境模拟等。与传统设计不同，运用 BIM 技术可在建模阶段对各构件进行三维建模，但是其中的参数却并不足以对实际情况进行模拟，这样就可以采取第三方软件进行解决。Ecotect、VE、GBS、EnergyPlus 等建筑性能分析软件均可与 BIM 软件平台对接，但是目前这些平台依旧存在模型交互的问题。

2.2 建筑设备专业工程制图

2.2.1 建筑设备专业识图基本知识

建筑设备图纸一般包括如下内容，常用的图幅和比例可参考表 2-1。

建筑设备图纸 表 2-1

图纸名称	图幅	比例
设计施工说明、图纸目录、图例	A1	
设备材料表	A1	
系统图、立管图	A1	
干管轴测透视图	A1	1：100
平面图	A0	1：100
平面放大图	A3	1：50
立（剖面图）	A1	1：50
详图（节点图、大样图、标准图）	A1	1：25

图纸主要包括图纸目录、设计及施工说明、设备材料表、平面图、系统图以及详图等。

1. 图纸目录类似书本目录，作为施工图的首页，可根据其了解具体工程的大致信息、图纸张数、图纸名称等，列出了专业所绘制的所用施工图及使用标准图，以方便依据所需抽调图纸。

2. 设计及施工说明是指用文字来反映设计图纸中无法表达却又需向造价、施工人员交代清楚的内容。设计说明主要对此工程的设计方案、设计指标和具体做法，内容应包括设计施工依据、工程概况、设计内容和范围以及室内外设计参数；施工说明主要针对设计中的各类管道及保温层的材料选用、系统工作压力、施工安装要求及注意事项等。一般在该图纸中还会附上图例表。

3. 设备材料表反映此工程的主要设备名称、性能参数、数量等情况，对于预算采购来说是重要的依据。

4. 平面图展示了建筑各层的功能管道与设备的平面布置，主要内容包括：建筑平面图、房间名称、轴号轴线、标高、管道位置、编号及走向、系统附属设备的位置规格、管道穿墙、楼板处预埋、预留孔洞的尺等。

5. 系统图给出了整个系统的组成及各层供暖平面图之间的关系。一般按 45°或 30°轴投影绘制，管线走向及布置与平面图对应。系统图可反映平面图不能清楚表达的部分。

6. 详图也叫大样图。凡是平面图、系统图中局部构造（如管道接法，设备安装）因比例的限制难以表述清楚时，就要给出施工详图。

2.2.2　暖通图纸识读

以供暖施工图为例，分别对平面图、系统图和详图进行识读。

1.针对室内供暖平面图，首先确认热力入口（或主立管）在建筑平面图的位置，然后根据供回水管图例区分供回水管，确定热媒走向；然后再查看散热器的位置及接管方式，根据其标注的文字确定散热器的规格，根据散热器在建筑平面图的位置确定其安装方式。

2.供暖系统图反映了系统的概况，综合了各层平面图的内容，常用 45°轴测图绘制。识读过程首先查找供回水干管起始段，确定热媒走向，明确供暖水系统形式；其次根据各立管编号与平面图查找对应，以明确系统图与平面图的关系；再依照干管与立管的连接方式、散热器与支管的连接方式，查明整个水阀门的安装位置；最后明确散热器规格尺寸及其在系统中的位置，并与平面图核对。

3.供暖施工详图包括标准图和节点详图，标准图反映一些施工节点通用的做法，而节点详图是针对地对某个具体位置做法的反映。

2.2.3　给排水图纸识读

建筑给排水施工图应将给水图和排水图分开识读。给水图要按水源、管道和用水设备的顺序，先看平面图，再看系统图，初看储水池、水箱及水泵等位置，分清系统的给水类型，再参照各图弄清管道走向、管径、坡度和坡向等参数以及设备型号、位置等参数内容；排水图要按卫生器具、排水支管、排水横管、排水立管和排水管的顺序，同样从平面图开始，再根据系统图，分清排水类型，再综合各图识读系统的参数。

1.建筑给排水平面图识读内容包括：卫生器具、用水设备和升压设备的类型、数量、安装位置及定位尺寸；引入管和污水排出管的平面布置、走向、定位尺寸、系统编号以及与室外管网的布置位置、连接形式、管径和坡度等；给排水立管、水平干管和支管的管径、在平面图上的位置、立管编号以及管道安装方式等；管道配件的型号、口径大小、平面位置、安装形式及设置情况等。

2.建筑给水系统图，可从室外水源引入着手，顺着管路走向依次识读各管路及所连接的用水设备。或者逆向进行，从任意一用水点开始，顺着管路逐个弄清管道和所连接的设备位置、管径变化以及所用管件附件等内容；建筑排水系统图，可依此按照卫生器具或排水设备的存水弯、器具排水管、排水横支管、排水立管和排出管的顺序，依次弄清存水弯形式、排水管道走向、管路分支情况、管径尺寸、各管道标高、各横管坡度、通气系统形式以及清通设备位置等内容。

3.常用的建筑给排水详图有淋浴器、盥洗池、浴盆、水表节点、管道节点、排水设备、室内消火栓以及管道保温等。

2.2.4　电气图纸识读

以电气照明施工图为例，通常要针对电气照明的系统图、平面图和照明设计说明进行识读，以此弄清设计意图，正确施工。

1.电气照明系统图识图内容包括：供电电源的类型，如单相、三相供电；配线方式，如放射式、树干式和混合式；导线的型号、截面、穿管直径、管材以及敷设方式和敷设部位；配电箱中的开关、保护、计量等设备。

2.电气照明平面图中，按规定的图形符号和文字标记表示出电源进户点、配电箱、配电线路及室内灯具、开关、插座等电气设备的位置和安装要求。多层建筑物的电气照明平面图应分层来画，标准层可用一张图纸表示各层的平面。平面图中包含：进户点、总配电箱和分配电箱的位置；进户线、干线、支线的走向，导线根数，导线敷设位置，敷设方式；灯具、开关、插座等设备的种类、规格、安装位置、安装方式及灯具的悬挂高度等。

3.照明设计说明中，会补充照明系统图和平面图中表达不清楚而又与施工有关系的技术问题。如配电箱安装高度，图上未能注明的支线导线型号、截面、敷设方式、防雷装置施工要求以及接地方式等。

2.2.5　建筑设备专业制图基本知识

1.模型元素命名标准

以 Revit 软件为例，建筑设备模型的命名规则，由表 2-2 给出。

建筑设备模型命名　　　　　　　　　　　　　　表 2-2

构件	族名称	类型名称
风管		专业代码-系统名称
风管管件	类型描述	规格描述
风管附件	类型描述	规格描述
风管末端	类型描述	规格描述
机械设备	类型描述	规格描述
管道		专业代码-系统名称
管道管件	类型描述	规格描述
管道附件	类型描述	规格描述
卫浴装置	类型描述	规格描述
喷头	类型描述	规格描述
电缆桥架		专业代码-系统名称
电缆桥架配件	类型描述	规格描述
照明设备	类型描述	规格描述

2.BIM 模型图例色彩

为了更好地运用模型理解图纸设计意图并满足施工的工艺需求，同时也为了清晰区分各专业模型，可按照如下要求，对模型系统类型规范化处理，详见表 2-3。

模型图例色彩　　　　　　　　　　　　表 2-3

管道名称	RGB	管道名称	RGB
暖通风管		给排水	
HVAC_厨房排油烟	255-55-55	PD_生活给水	0-255-0
HVAC_排风/排烟	255-000-255	PD_热水给水	168-000-084
HVAC_排烟	210-36-36	PD_热水回水	0-255-255
HVAC_排风	102-153-255	PD_污水重力	153-153-000
HVAC_新风	55-055-255	PD_污水压力	000-128-128
HVAC_未处理新风	111-111-255	PD_废水重力	153-051-051
HVAC_正压送风	128-128-000	PD_废水压力	102-153-255
HVAC_送风	55-055-255	PD_雨水重力	227-227-000
HVAC_回风	000-153-255	PD_雨水压力	227-227-000
HVAC_送风/补风	83-186-255	PD_通气管	51-000-051
HVAC_补风	128-188-255	PD_生活中水	151-129-254
暖通水管		消防	
HVAC_冷热水供水管	249-089-031	FS_消防水炮	255-0-127
HVAC_冷热水回水管	254-180-009	FS_气体灭火	12-243-168
HVAC_冷冻水供水管	92-210-89	FS_消火栓	255-0-0
HVAC_冷冻水回水管	207-4-251	FS_自动喷淋	0-153-255
HVAC_热水供水管	249-89-31	FS_细水喷雾	255-124-128
HVAC_热水回水管	254-180-9	弱电	
HVAC_冷却水供水管	102-153-255	ELV_弱电桥架	18-116-69
HVAC_冷却水回水管	255-153-0	ELV_消防桥架	255-0-0
HVAC_冷媒管	102-0-255	ELV_楼控/能源管理/智能照明桥架	128-255-255
HVAC_冷凝水管	99-0-189		
HVAC_空调加湿	235-128-128	ELV_有线电视/无线对讲系统预留	182-200-255
HVAC_溢水管	50-250-250		
HVAC_热媒供水	230-0-175	ELV_车库管理	85-170-185
HVAC_热媒回水	157-9-50	ELV_安防/巡更	106-202-74
HVAC_膨胀水	0-128-128	ELV_视频监控	196-241-039
强电		ELV_综合布线	80-50-245
EL_动力桥架	0-204-0		
EL_高压桥架	255-0-155		
EL_照明桥架	000-128-255		
EL_消防动力桥架	255-55-55		
EL_变电桥架	000-064-128		
EL_柴发桥架	19-83-168		

3. BIM 系统共享参数的设置

管道及风管系统是对管网的流量和大小进行计算的逻辑实体，在 Revit 中是一组以逻辑方式连接的模型构件。平面中的注释内容多是针对不同模型构建的尺寸标注和信息标记，如设备定位尺寸、风管管道尺寸、各种设备编号等。对 Revit 未有内置化的属性，需要共享参数的建立来支撑标记族的建立，进而实现图纸中的信息注释。表 2-4～表 2-7 罗列了暖通及给排水系统中可建立的共享参数。

模型设备构件及共享参数 表 2-4

风管系统/管道系统	设备构件	添加共享参数
风管	风道	位置，系统编号，备注
风管管件	T 形三通，Y 形三通，四通，过渡件，弯头，接头	备注
风道末端	散热器，风口	风量，个数，设备形式，设备编号
	百叶窗	设备形式，大小
	热交换器	设备编号，设备形式，换热量，数量，备注
机械设备	冷水机组	设备编号，设备形式，制冷量，冷冻水温，冷却水温，供电要求，使用冷媒，噪声，质量，数量，备注
	空调机组	设备编号，设备形式，冷量，热量，风量，噪声，质量，数量，备注
	泵	设备编号，设备形式，设备名称，流量，扬程，供电要求，转速，压力，设计点效率，质量，数量
	组合式空调机组	设备编号，设备形式，冷量，热量，风量，机外余压，供电要求，冷却盘管，加热盘管，加湿器，噪声，数量，备注
	风机盘管	设备编号，设备形式，冷量，热量，机外余压，供电要求，冷却盘管，加热盘管，加湿器，噪声，数量，备注
	风机	设备编号，设备形式，风量，风压，供电要求，转速，噪声，安装位置，数量，备注
	冷却塔	设备编号，设备形式，处理水量，进/出口水温，空气干/湿球温度，质量，数量，备注
管道	水，汽管道	位置，系统编号，备注
管件	T 形三通，Y 形三通，四通，弯头，过渡件，管帽，斜四通，法兰	备注
管路附件	雨水斗	设备编号，雨水斗，汇水面积
	地漏，过滤器等	设备编号，个数
卫浴设置	大便器，小便器等	备注
喷头	各式喷头	设备编号，设备形式，个数

2.2.6　建筑设备专业图例符号

1.暖通空调专业图例

水汽管道、风道阀门及附件常用图例　　　　　　　　表 2-5

序号	名称	图例	序号	名称	图例
1	截止阀		17	自动排气阀	
2	闸阀		18	集气罐放气阀	
3	球阀		19	排入大气或室外	
4	柱塞阀		20	安全阀	
5	快开阀		21	角阀	
6	蝶阀		22	底阀	
7	旋塞阀		23	漏斗	
8	止回阀		24	地漏	
9	浮球阀		25	明沟排水	
10	三通阀		26	向上弯头	
11	平衡阀		27	向下弯头	
12	定流量阀		28	法兰封头或管封	
13	定压差阀		29	上出三通	
14	调节止回关断阀		30	下出三通	
15	节流阀		31	变径管	
16	膨胀阀		32	活接头或法兰连接	

序号	名称	图例	序号	名称	图例
33	固定支架		51	爆破膜	
34	导向支架		52	阻火器	
35	活动支架		53	节流孔板减压孔板	
36	金属软管		54	快速接头	
37	可屈挠橡胶软接头		55	介质流向	→ 或 ⇒
38	Y 形过滤器		56	风管向上	
39	疏水器		57	风管向下	
40	减压阀		58	风管上升摇手弯	
41	直通型除污器		59	风管下降摇手弯	
42	除垢仪	E	60	天圆地方	
43	补偿器		61	软风管	
44	矩形补偿器		62	圆弧形弯头	
45	套管补偿器		63	带导流片矩形弯头	
46	波纹管补偿器		64	消声器	
47	弧形补偿器		65	消声弯头	
48	球形补偿器		66	消声静压箱	
49	伴热管		67	风管软接头	
50	保护套管		68	对开多页调节风阀	

续表

序号	名称	图例	序号	名称	图例
69	蝶阀		75	条缝形风口	
70	插板阀		76	矩形风口	
71	止回风阀		77	圆形风口	
72	余压阀	DPV DPV	78	侧面风口	
73	防烟防火阀	*** ***	79	风道检修门	J J
74	方形风口		80	远程手控装置	B

2.给水排水专业图例

给水排水专业常用图例　　　　　　　表 2-6

序号	名称	图例	序号	名称	图例
1	生活给水管	—— J ——	11	雨水管	—— Y ——
2	热水给水管	—— RJ ——	12	多孔管	
3	热水回水管	—— RH ——	13	防护套管	
4	中水给水管	—— ZJ ——	14	立管检查口	
5	循环给水管	—— XJ ——	15	排水明沟	坡向 ——
6	热媒给水管	—— RM ——	16	套筒伸缩器	
7	蒸汽管	—— Z ——	17	方形伸缩器	
8	废水管	—— F ——	18	管道固定支架	
9	通气管	—— T ——	19	管道立管	XL-1 XL-1 平面　系统
10	污水管	—— W ——	20	通气帽	↑ ● 成品 铝丝球

序号	名称	图例	序号	名称	图例
21	雨水斗	YD-平面 YD-系统	35	室内消火栓(单口)	平面 系统
22	圆形地漏		36	室内消火栓(双口)	平面 系统
23	浴盆排水件		37	水泵接合器	
24	存水弯		38	自动喷洒头(开式)	平面 系统
25	管道交叉		39	手提灭火器	
26	减压阀		40	淋浴喷头	
27	角阀		41	水表井	
28	截止阀		42	水表	
29	球阀		43	立式洗脸盆	
30	闸阀		44	台式洗脸盆	
31	止回阀		45	浴盆	
32	蝶阀		46	盥洗槽	
33	弹簧安全阀		47	污水池	
34	自动排气阀	平面 系统	48	坐便器	

3. 电气专业图例

电气专业常用图例   表 2-7

序号	名称	图例	序号	名称	图例
1	动力照明配电箱		3	信号板信号箱(屏)	
2	多种电源配电箱		4	照明配电箱(屏)	

续表

序号	名称	图例	序号	名称	图例
5	电流表	Ⓐ	23	双控开关	
6	电压表	Ⓥ		单极开关	
7	电铃		24	暗装	
8	电源自动切换箱			密闭	
9	电阻箱			防爆	
10	灯 一般符号	⊗		单相插座	
11	防爆灯	●	25	暗装	
12	投光灯 一般符号			密闭	
13	聚光灯			防爆	
14	荧光灯 一般符号			带保护节点的插座	
15	五管荧光灯	5	26	暗装	
16	分线盒 一般符号			密闭	
17	室内分线盒			防爆	
18	室外分线盒		27	避雷针	●
19	断路器箱			带接地的三相插座	
20	刀开关箱		28	暗装	
21	刀开关箱 带熔断器			密闭	
22	开关 一般符号			防爆	

序号	名称	图例	序号	名称	图例
29	应急灯		42	天线 一般符号	
30	广照型灯		43	用户 一分支器	
31	双极开关		44	用户 二分支器	
	暗装		45	用户 三分支器	
	密闭		46	用户 四分支器	
	防爆		47	二路 分配器	
32	顶棚灯		48	三路 分配器	
33	防火防尘灯		49	放大器一般符号	
34	球形灯		50	电视 接收机	
35	局部照明灯		51	彩色电视接收机	
36	弯灯		52	电话机 一般符号	
37	壁灯		53	壁盒 交接箱	
38	避雷器		54	落地 交接箱	
39	安全灯		55	分线盒 一般符号	
40	电话插座	TP	56	室内分线盒	
41	电视插座	TV	57	室外分线盒	

▶▶ 第 3 章　建筑设备 BIM 模型标准

3.1 设备建模标准

设备建模标准通常分为以下几种，见表 3-1。

设备建模标准 表 3-1

序号	标准类型	内容
1	几何构件族三维效果标准化	建筑设备各系统模型的显示效果、系统颜色、管道材质、连接方式等。
2	几何构件二维表达标准化	建筑设备各专业各个构件在平面、立面、剖面等视图中二维表达形式等。
3	几何构件信息标准化	建筑设备各专业构件的命名、族类别、族参数等内容。
4	模型创建规范化	既要考虑相应的设计规范要求，又要按照既定的工作模式进行。

在建模过程中，每位工程师对软件的使用习惯不尽相同、考虑的范围相对局限，造成模型难以进行有效协同或模型难以向下游传递。因此制定标准化的模型创建方法，能够实现设计阶段的高效协同，以及设计模型成果向下游延伸，从而使得建模的速度和精度得到有效提升。

上述的四种标准类型，其中几何构件二维表达标准化是实现建筑设备 BIM 模型直接导出符合规范的施工图的前提，几何构件信息标准化是实现视图模型过滤、明细表统计、对接其他软件平台的重要依据。

3.1.1 建模精度

建筑设备各专业模型都是由不同功能的构件组成，并完整表达该模型系统的功能。在构建 BIM 施工模型时，需要依据设计单位所提供的图纸信息，补充和更改，及时对构件信息进行更新。下表 3-2 给出建筑设备各系统的建模精度要求。

建筑设备专业建模精度 表 3-2

建筑设备系统	标准类型	建模精度要求
给排水系统	管道	管道类型、管径、主管标高、支管标高
	阀门	绘制统一阀门
	附件	统一形状
	仪表	统一规格的仪表
	卫生器具	简单的体量
	设备	有长宽高的体量

建筑设备系统	标准类型	建模精度要求
暖通风系统	风管道	按着系统只绘主管线,按着系统添加不同的颜色
	管件	绘制主管线上的管件
	附件	绘制主管线上的附件
	末端	示意,无尺寸与标高要求
	阀门	尺寸、形状、位置、添加连接件
	机械设备	尺寸、形状、位置、添加连接件
暖通水系统	水管道	按着系统只绘主管线,按着系统添加不同的颜色
	管件	绘制主管线上的管件
	附件	绘制主管线上的附件
	阀门	尺寸、形状、位置、添加连接件
	设备	尺寸、形状、位置、添加连接件
电气系统	仪表	尺寸、形状、位置、添加连接件
	设备	基本族
	母线桥架线槽	基本路由
	管路	不建模

3.1.2 规划标准

1. 单位、坐标等基本规定

1) 项目中所有模型均应使用统一的单位与度量制。默认的项目单位为 mm,二维输入/输出文件应遵循为特定类型的工程图规定的单位和度量制。

2) 以设计总平面图给定的大地坐标系为项目平面坐标系。按照设计图总平面坐标,采取特定点赋予坐标的设定,所有模型以及参照模型的坐标都需要和设计给定的坐标保持一致,即为所有 BIM 数据定义通用坐标系。

3) 使用相对标高,±0.000 即为坐标原点,Z 轴为坐标点。

4) 根据纵断面及横断面给定的高程为项目高程,标高命名与高程对应。

5) 项目北与正北的夹角等于设计图纸上指北针的旋转角度。

2. 模型依据

1) 以建设单位提供的通过审查的有效图纸为数据来源进行建模。

① 图纸等设计文件;

② 总进度计划;

③ 当地规范和要求;

④ 其他特定要求。

2) 根据设计文件参照的国家规范和标准图集为数据源进行建模。

3) 根据设计变更为数据来源进行模型更新。

① 设计变更单、变更图纸等变更文件;

② 当地规范和标准；

③ 其他特定要求。

3. 拆分标准

为了规范建筑设备 BIM 建模标准，确保设计过程符合规范要求，各专业模型应保证项目基点、方向、标高、单位一致，以满足后续各专业 BIM 工作的开展，可将模型按照以下方式拆分：

1）按建筑设备各专业系统或子系统拆分；

2）按空间划分，如楼层、建筑分区等；

3）按功能划分；

4）按施工工艺划分。

这其中要注意会出现某些子系统或部件贯穿建筑分区的情况，一定要保证模型体系的完整性和连贯性。

4. 模型色彩

如果模型来自于设计模型，那么可以继续沿用原有的模型颜色，并根据施工阶段的需求增加和调整模型颜色。如果模型是在施工阶段时创建，可参照表 3-3 的 BIM 模型色彩表进行绘制颜色。

建筑设备专业 BIM 模型色彩表　　　　　　　　　　　　表 3-3

管道名称	BIM RGB	管道名称	BIM RGB
生活给水	0,255,0	生活废水	155,155,51
生活污水	100,100,51	生活热水	255,0,255
通气管	0,255,0	含油废水管	185,185,41
雨水	255,255,0	中水	0,127,0
消火栓	255,0,0	自动喷水	255,0,0
冷却循环水	0,0,255	气体灭火	255,0,0
蒸汽	255,191,0	送风管	0,255,0
回风管	255,0,255	新风管	0,0,255
排风管	215,153,0	厨房排风管	128,51,51
厨房补风管	191,0,255	消防排烟管	179,32,32
消防补风管	255,0,255	楼梯间加压分风管	191,255,0
前室加压风管	96,153,76	空调冷冻水供水管	0,255,255
空调冷水回水管	0,153,153	空调冷凝水管	0,0,255
空调冷却水供水管	102,153,255	空调冷却水回水管	50,102,153
供暖供水管	255,0,255	供暖回水管	153,0,153
地热盘管	255,0,0	蒸汽管	0,255,255
凝结水管	0,0,255	补给水管/膨胀水管	255,255,0
制冷剂管	255,0,255	供燃油管	0,255,255

续表

管道名称	BIM RGB	管道名称	BIM RGB
燃气管	255,0,255	通大气/放空管道	255,255,0
压缩空气管	0,127,255	乙炔管	255,127,0
强电桥架	255,0,0	动力桥架	190,0,100
高压桥架	200,20,200	照明桥架	200,200,185
弱电综合桥架	28,128,180	弱电桥架	255,223,127
火灾自动报警桥架	255,0,255	消防桥架	255,0,255

3.2 建筑设备模型出图标准

为了有效提高建筑设计的工作质量、提升建筑设计的工作效率和实现网络上规范管理和成果的共享，做到建筑设备模型出图的规范化、标准化以及网络化，就需要对其拟定相关出图标准。

3.2.1 基本规定

1.所有的技术部出图都要配备图纸封皮、图纸说明和图纸目录。

1）图纸封皮须注明工程名称、图纸类别（方案图、施工图、竣工图）。

2）图纸说明须对工程进一步说明工程概况、工程名称、建设单位、施工单位、设计单位或建筑设计单位等。

2.每张图纸须编制图名、图号、比例、时间。

3.打印图纸按需要，比例出图。

3.2.2 图纸比例与线型

1.图纸比例

通常情况下在同一张图纸中，不宜存在三种以上的比例。一般宜采用1∶1的尺寸比例绘制图形，在布局时通过缩放图框大小调整出图比例。

常用比例1∶1，1∶2，1∶5，1∶10，1∶20，1∶50，1∶100，1∶200，1∶500，1∶1000。

可用比例1∶3，1∶15，1∶25，1∶30，1∶150，1∶250，1∶300，1∶1500。

2.线型

1）粗实线：0.3mm

a.平、剖面图中被剖切的主要建筑构造的轮廓。

b.室内外立面图的轮廓。

c. 建筑装饰构造详图的建筑物表面线。

2）中实线：0.15～0.18mm

a. 平剖面图中被剖切的次要建筑构造的轮廓线。

b. 室内外平顶、立、剖面图中建筑构配件的轮廓线。

c. 建筑装饰构造详图及构配件详图中一般轮廓线。

3）细实线：0.1mm

填充线、尺寸线、尺寸界线、索引符号、标高符号、分格线。

4）细虚线：0.1～0.13mm

a. 室内平面、顶面图中未剖切到的主要轮廓线。

b. 建筑构造及建筑装饰构配件不可见的轮廓线。

c. 拟扩建的建筑轮廓线。

d. 外开门立面图开门表示方式。

3.2.3　族的命名

1. 族分类

根据建筑设备项目包含的管线构件类目，可将族按如下分类，并给出相应的类目编码：

风管　　　　DT

水管　　　　PI

机械设备　　ME

桥架　　　　CT

2. 命名规则

根据实际安装工程构件的复杂性，应制定如下具体、完善的命名规范。

1）字段顺序：楼层字段、构件在图纸中的编号字段、系统类别、材料类别、其他信息字段。

2）名称各字段之间，采用英文半角下划线"＿"分格。

3）对于构件全部位于某一层的构件，需在名称开头设置楼层字段；对于跨越楼层的构件不需要设置楼层字段。

4）对于图纸中标注了特定名称的构件，需设置图纸中编号字段；对于图纸中未注明特定名称的构件，可以不设置该字段。

5）其他需要进行区分的参数，可根据需要在名称结尾设置相应的其他信息字段。

6）各字段宜使用半角英文大写字母，特殊情况下也可以使用中文字符。

3.2.4　文件夹结构

1. 项目文件夹

BIM 模型所需设置的项目文件夹应包含四部分：实施项文件夹、共享文件夹、信息发出文件夹和存档文件夹。若一个项目中包含多种独立元素，那么应在一系列子文件夹中分别保存相关 BIM 数据，如图 3-1 所示。

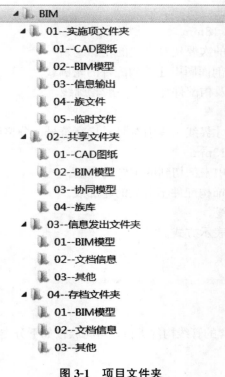

图 3-1　项目文件夹

2. 族文件夹

储存族文件的位置可按图 3-2 的方式进行划分，并且可在各专业文件夹下进一步添加子文件夹。族文件应该根据软件产品与版本分别储存在不同的文件夹中，当需要更新族文件用于新的产品版本时，老版本的族文件应予以保留，同时新版本的族文件需要保存在该版本所对应的文件夹中，以免出现不兼容的情况。

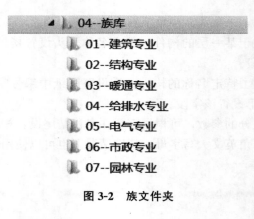

图 3-2　族文件夹

3.2.5　模型导出

若需要从 BIM 模型中导出视图到 CAD 中进行出图，或是用作其他 CAD 图形的底图，那么宜将视图放置在图框中，并标明以下内容信息：

1. 此数据仅做参考使用
2. 数据来源
3. 制作或发布此图日期

3.3 样板文件设置内容

目前对于国内的设计来说，用于交流的二维施工图纸是具备法律效益的设计文件，它从表达形式上必须满足设计制图规范，并且还需符合当地的规范与要求。对于通过 Revit 软件进行设计时，软件安装程序自带的样板文件不完全符合中国设计师的使用习惯和设计要求，同时不同的项目都有各自的特点，对样板文件的要求也就或多或少都会有些不同，因此有必要对样板文件设置内容进行修改，达到满足使用需求的目的。

样板文件的设置能够减少不必要的工作，在建筑设备 BIM 设计中，例如管道类型、管道连接方式、管道连接件、管道附件、视图样板、明细表样板、出图样板等内容均可以根据项目情况在样板中提前设置，这样就可避免在项目设计时重复这些工作，从而提高 BIM 设计质量和效率。除此之外，Revit 模型包含较大量的参数信息，涵盖几何参数、项目参数、族构件参数、产品参数等等。通过样板文件的参数设置，可实现模型拓扑应用。如工程量统计、施工信息添加。

3.3.1　基本项目设置

1. 项目信息

打开 Revit MEP 软件，切换至【管理】选项卡，单机功能区中的【项目信息】，弹出"项目属性"对话框，用户可在"项目属性"对话框中输入相应的项目属性参数，如图 3-3 和图 3-4 所示。

3.1
项目参数
的添加

图 3-3　"管理"选项卡

在"项目属性"对话框的"标识数据"组下的参数属于项目文件的一般参数描述。单击"项目属性"对话框的"能量分析"右侧"编辑"按钮，弹出"能量设置"对话框，其中的参数设置会影响用于节能计算文件的数据，如图 3-5 所示。在"项目属性"对话框的"其他"组下的参数可关联到图纸标题栏中。

图 3-4　"项目属性"对话框

图 3-5　"能量设置"对话框

2. 项目参数

点击【管理】选项卡功能区中的【项目参数】，弹出"项目参数"对话框，用户可在此添加、修改、删除项目参数，如图 3-6 所示。再点击"添加"或"修改"按键，可在新弹出的"参数属性"对话框中进行编辑，如图 3-7 所示。

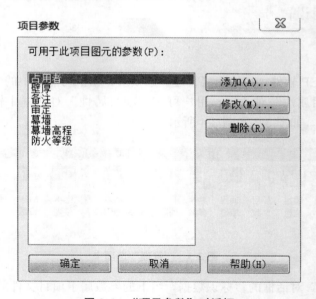

图 3-6　"项目参数"对话框

项目参数是定义后添加到项目中的参数，仅用于当前项目，不可标记和导出，表 3-4 给出了对话框中各名称含义。

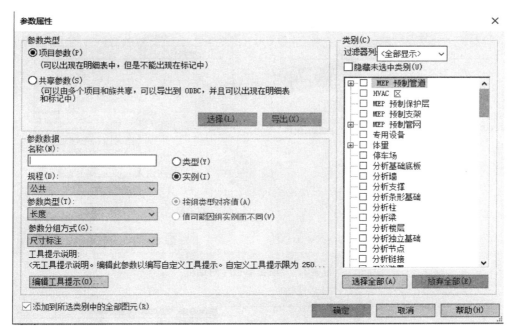

图 3-7　"参数属性"对话框

名称含义　　　　　　　　　　　　　　　　　　　　　表 3-4

项目参数	可出现在明细表中,不可出现在标记中
共享参数	可由多个项目和族共享,用于标记、导出 ODBC 的外部文件
名称	输入添加即可
规程	主要分为公共、结构、暖通、电气、管道、能量等
参数类型	根据参数值的单位、特性等进行选择
参数分组方式	添加参数后,该参数划分至哪个组
实例、类型	指项目参数属于"实例"或"类型"
类别	指项目参数会添加到哪个模型类别中("实例"、"类型"不同, 所显示的类别会有所区别)

3.项目单位

点击【管理】选项卡功能区中的【项目单位】,弹出"项目单位"对话框。按照不同的规程能够进行划分,不同规程单位格式不同,用户可根据需求对不同规程的数据单位进行修改,如图 3-8 所示。项目单位的设置将给出图、数据导出等带来直接影响。

3.3.2　项目浏览器设置

右键点击"项目浏览器"对话框中的"视图"按键,选中"浏览器组织",弹出"浏览器组织"对话框,如图 3-9 所示。在此对话框中,可以选择"不在图纸上"、"专业"和"全部"等类型,同样也可以"新建"和"重命名"创建新的类型。

图 3-8 "项目单位"对话框

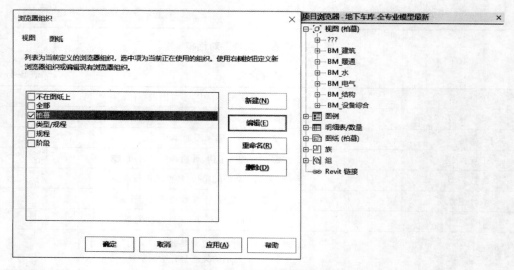

图 3-9 "浏览器组织"对话框

再点击对话框右侧"编辑"按键,即可弹出"浏览器组织属性"对话框,如图 3-10 所示。"过滤"选项指的是通过设置过滤条件确定所显示的视图和图纸,"成组和排序"选项指的是通过设置不同的成组条件、排序方式等自定义项目视图和图纸的组织结构。项目浏览器的过滤、成组和排序等功能就是根据不同视图的相同属性进行的,用户可自行设置视图与图纸参数,再利用这些参数对项目浏览器重新整理结构。

3.3.3 视图设置

用户可根据出图以及视觉样式等线型显示的不同,设置不同的二维线表达,点击【管

图 3-10　"过滤"与"成组和排序"选项

理】选项卡功能区【其他设置】的下拉框，可打开"线样式"、"线宽"、"线型团"等命令设置不同的线型功能，如图 3-11 所示。点击线框按键，即可弹出如图 3-12 的"线宽"对话框。

图 3-11　【其他设置】下拉框

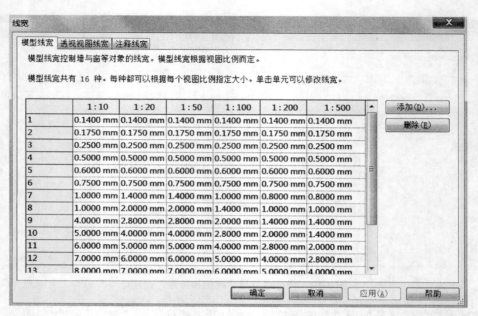

图 3-12   "线宽"对话框

▶▶ 第 4 章　设备模型案例

Revit 软件可以借助真实管线进行准确建模，可以实现智能、直观的设计流程。Revit 采用整体设计理念，从整座建筑物的角度来处理信息，将给水排水、暖通和电气系统与建筑模型关联起来，为工程师提供更佳的决策参考和建筑性能分析。借助它，工程师可以优化建筑设备及管道系统的设计，更好地进行建筑性能分析，充分发挥 BIM 的竞争优势，促进可持性设计。同时，利用 Revit 与建筑师和其他工程师协同，还可即时获得来自建筑信息模型的设计反馈，实现数据驱动设计所带来的巨大优势，轻松跟踪项目的范围、进度和工程量统计、造价分析。

本章节以地下车库为基础，接着绘制该车库中的设备专业相关内容。通过该案例，了解给水排水、消防、暖通及电气专业常用内容的绘制方法，同时进行简单的碰撞检查，了解协同的基本方法。

4.1 标高和轴网的创建

本地下车库案例模型按专业分别绘制，分为地下车库—暖通模型、地下车库—给水排水模型、地下车库—喷淋模型和地下车库—电气模型四个模型。模型搭建完成之后采用链接的工作模式进行整体的查看和审阅。为方便后期各模型的链接，本地下车库案例采用同一套标高轴网进行绘制。

4.1.1 新建项目

打开 Revit 软件，单击【柏慕软件】选项卡，选择【新建项目】，在弹出的【新建项目】对话框浏览选择【柏慕软件-全专业样板】，单击【浏览】设置项目文件的保存位置和名称，单击【确定】，如图 4-1 所示。

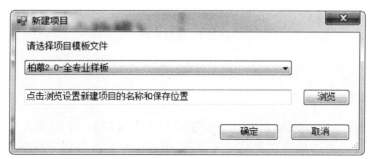

图 4-1　新建项目

4.1.2　绘制标高

　　删除原样板中的【注意事项】【轴网】【图名】及【指北针】，在【项目浏览器】中选择任意一个【立面】双击打开或单击右键，选择【打开】，进入【东立面】视图，删除除【1F】，【2F】之外的其他标高，将【2F】数值设置为【4000】，如图 4-2 所示。将相应的平面视图名称进行修改，如图 4-3 所示。

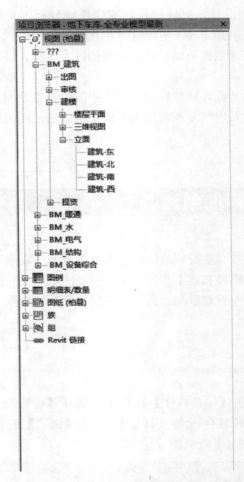

图 4-2　绘制标高

4.1.3　绘制轴网

　　在项目浏览器中单击进入【BM _ 建筑】楼层平面【1F】，单击【插入】选项卡下【链接 Revit】命令，在对话框中选择【地下车库-结构模型】文件，定位选择【自动-原点到原点】，如图 4-4 所示。

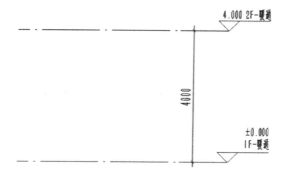

图 4-3　标高修改

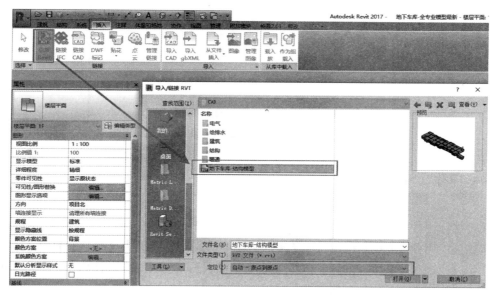

图 4-4　链接 Revit

单击【建筑】选项卡下【基准】面板中的【轴网】工具（或使用快捷键 GR），选择【拾取线】命令，依次单击链接模型中各轴网线，创建轴网如图 4-5 所示，完成之后锁定轴网。

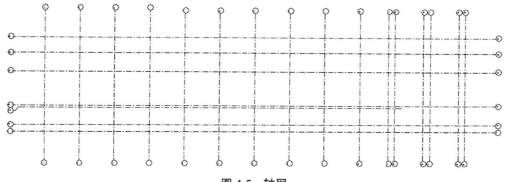

图 4-5　轴网

轴网绘制完成之后，单击【管理】【管理链接】，选择刚刚插入的链接文件【地下车库-结构模型】，单击【删除】，然后【确定】，如图 4-6 所示。

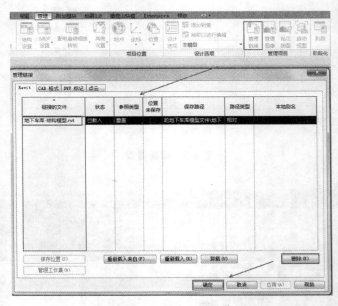

图 4-6　删除结构模型

4.1.4　保存文件

单击【应用程序】下拉按钮，选择【另存为-项目】，将名称改为【地下车库-暖通模型】。
单击【应用程序】下拉按钮，选择【另存为-项目】，将名称改为【地下车库-给排水模型】。
单击【应用程序】下拉按钮，选择【另存为-项目】，将名称改为【地下车库-消防模型】。
单击【应用程序】下拉按钮，选择【另存为-项目】，将名称改为【地下车库-电气模型】。
此步骤的目的在于重复利用刚才所绘制的标高和轴网，而无需重复绘制。

4.2　暖通模型的绘制

中央空调系统是现代建筑设计中必不可少的一部分，尤其是一些面积较大、人流较多的公共场所，更是需要高效、节能的中央空调来实现对空气环境的调节。

本节将通过案例某地下车库暖通空调设计来介绍暖通专业识图和在 Revit 中建模的方法，并讲解设置风系统各种属性的方法，使读者了解暖通系统的概念和基础知识，掌握一定的暖通专业知识，并学会在 Revit 中建模的方法

本地下车库的暖通模型仅包含风系统，该风系统又主要分为送风系统和回风系统。本节将讲解风管的绘制方法。

4.2.1　导入 CAD 图纸

打开上节中保存的【地下车库-暖通模型】文件，在项目浏览器中双击进入【楼层平面 1F】平面视图，单击【插入】选项卡下【导入】面板中的【导入 CAD】，单击打开【导入 CAD 格式】对话框，从【地下车库 CAD】中选择【地下车库通风平面图】DWG 文件，具体设置如图 4-7 所示。

4.2
导入CAD图纸的设置（原点定位、中心定位等等）

图 4-7　导入 CAD 图纸

导入之后将 CAD 与项目轴网对齐锁定。之后在属性面板选择【可见性/图形替换】，在【可见性/图形替换】对话框中【注释类别】选项卡下，取消勾选【轴网】，然后单击两次【确定】。隐藏轴网的目的在于使绘图区域更加清晰，便于绘图如图 4-8 所示。

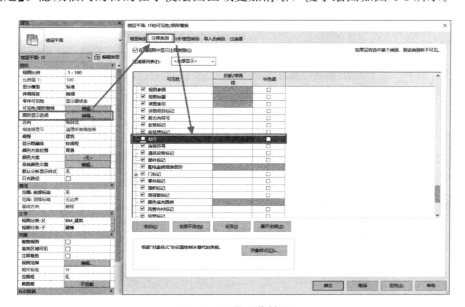

图 4-8　设置隐藏轴网

4.2.2 绘制风管及设置

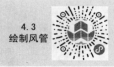

4.3
绘制风管

1. 风管属性的认识

单击【系统】选项卡下,【HVAC】面板中【风管】工具,(或使用快捷键 DT)如图 4-9 所示。打开【绘制风管】上下文选项卡如图 4-10 所示。

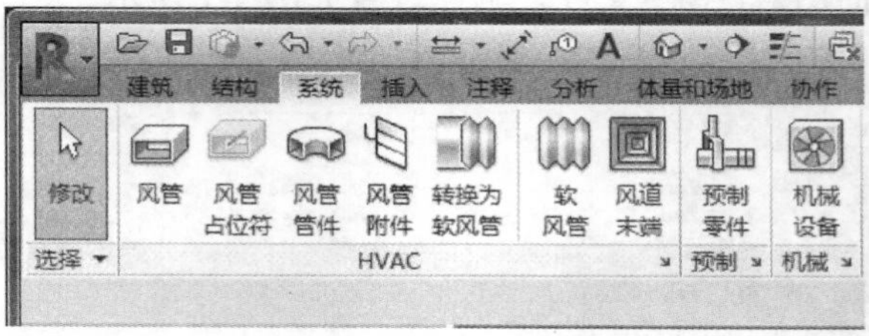

图 4-9 HVAC 中风管

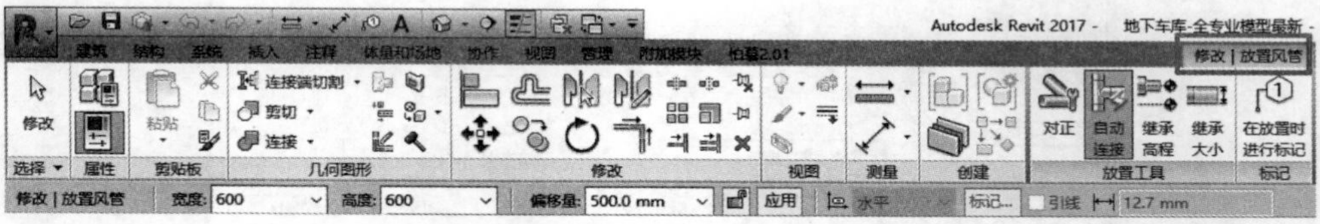

图 4-10 “绘制风管”选项卡

单击【类型属性】工具,打开【类型属性】对话框,如图 4-11 示。

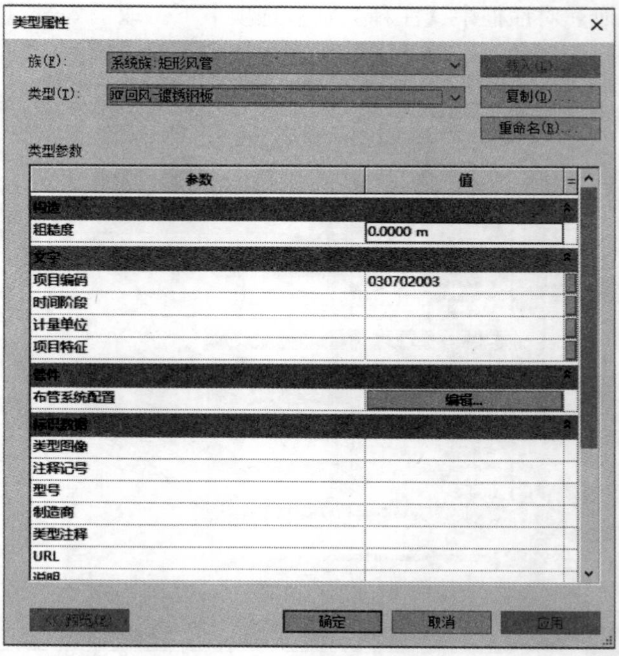

图 4-11 类型属性对话框

2.绘制风管

在项目浏览器中单击进入暖通建模楼层平面【1F】，绘制如图 4-12 所示的一段风管，图中，【500×400】为风管的尺寸，【500】表示风管的宽度，【400】表示风管的高度，单位为【毫米】。为保证绘制的风管可以正常的显示，需要调整楼层平面属性面板下的视图范围，将视图范围的顶部【偏移量】设为【4000】，剖切面【偏移量】为【3000】，如图 4-13 所示。

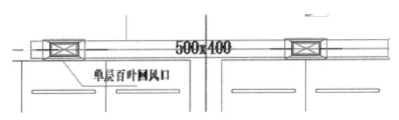

图 4-12 风管 CAD 图

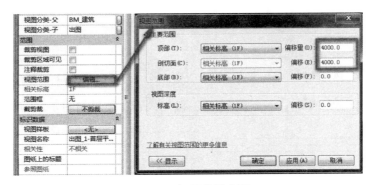

图 4-13 视图范围设置

图 4-14 风管参数设置

单击【系统】选项卡下【HVAC】面板上的【风管】命令，风管类型选择【矩形风管 HF 回风 _ 镀锌钢板】，在选项栏中设置风管的尺寸和高度，如图 4-14 所示，【宽度】设为【500】，【高度】设为【400】，【偏移量】设为【2800】，系统类型选择【HF 回风】。其中偏移量表示风管中心线距离相对标高的高度偏移量。

风管的绘制需要两次单击，第一次单击确认风管的【起点】，第二次单击确认风管的【终点】。绘制完毕后选择【修改】选项卡下【编辑】面板上的【对齐】命令，将绘制的风管与底图中心位置【对齐】并【锁定】如图 4-15 所示。

选择该风管，在右侧小方块上单击鼠标右键，选择【绘制风管】，如图 4-16 所示，修改风管尺寸，将【宽度】设置为【1000】，然后绘制下一段风管，如图 4-17 所示。对于不同尺寸风管的连接，系统会自动生成相应的管件，不需要单独进行绘制，如图 4-18 所示。

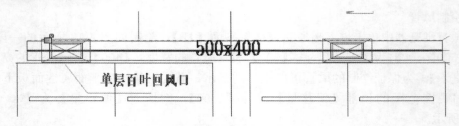

图 4-15　风管绘制（一）

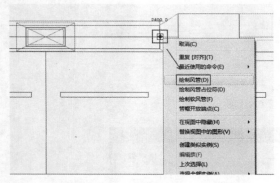

图 4-16　风管绘制（二）　　　　　　　　　图 4-17　风管绘制（三）

同样的方法绘制完成 CAD 中最上方的一段回风管，结果如图 4-19 所示。

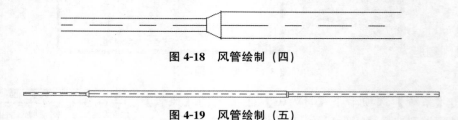

图 4-18　风管绘制（四）

图 4-19　风管绘制（五）

注意：风管默认的变径管是【30 度】，可以更改变径管的类型选择不同角度的变径管。本项目中，选中刚刚所绘制风管中的变径管，类型选择【60 度】，如图 4-20 所示。更改前后变化如图 4-21 所示，更改完成之后模型与 CAD 底图更加贴近。

4.4
变径管
修改

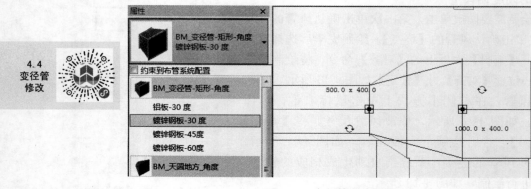

图 4-20　变径管角度设置

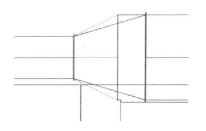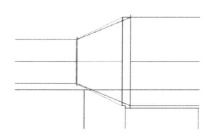

图 4-21　更改变径管后的风管

接下来绘制如图 4-22 所示另一根回风管。

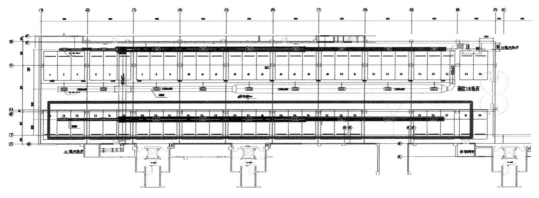

图 4-22　风管绘制（六）

通过观察可以发现，第二道回风管与刚刚所绘回风管基本一致，因此可以采用复制命令，将刚刚所绘回风管复制到第二道回风管的位置。如图 4-23 所示。

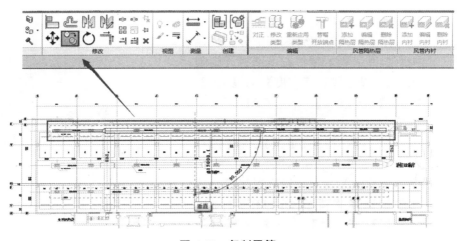

图 4-23　复制风管

两道横向回风管通过一根纵向的回风管（主管）连接为一个系统，现在绘制这根纵向的回风管。在风管系统中，三通、四通弯头一样，都是风管配件，会根据风管尺寸、标高的变化自动生成，无需单独绘制。

单击【系统】选项卡下【HVAC】面板上的【风管】命令，风管类型选择【矩形风管

HF 回风 _ 镀锌钢板】，在选项栏中设置风管的尺寸和高度，如图 4-24 所示，【宽度】设为【1200】，【高度】设为【400】，【偏移量】设为【2800】，系统类型选择【HF 回风】。如图 4-25 所示，风管与风管会自动进行连接生成三通或者四通。绘制风管时，可以先不跟 CAD 图纸中对齐，绘制完成后再用对齐命令调整风管位置。

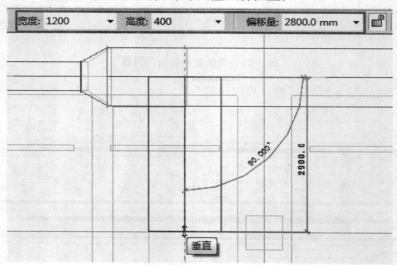

图 4-24　回风管绘制

　　当采用【对齐】命令对齐风管时，可能会出现如图 4-26 所示的提示，这是因为在风管此处没有足够的空间放置变径管与三通，变径管与三通位置发生冲突，此时可以将变径管稍微向左端移动一定的距离，如图 4-27 所示。

　　接下来绘制主管末端部分。选择刚刚绘制风管末端，右击选择【绘制风管】，设置风管【宽度】为【600】，【高度】为【600】，单击 CAD 图纸中圆形中心完成此段风管绘制，如图 4-28 所示。然后直接更改风管【偏移量】为【500】，绘制如图 4-29 所示风管。

4.5
带坡度管的绘制以及连接

　　最后需要绘制一段圆形风管，风管类型选择【圆形风管 HF 回风-镀锌钢板】，【直径】选择【600】，【偏移量】选择【500】，绘制如图 4-30 所示圆形风管。

4.6
风管局部抬高修改方法

　　至此，整个暖通模型的回风管绘制完毕，如图 4-31 所示。

　　接下来绘制送风管。送风管的绘制方法与回

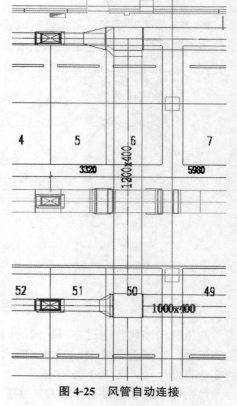

图 4-25　风管自动连接

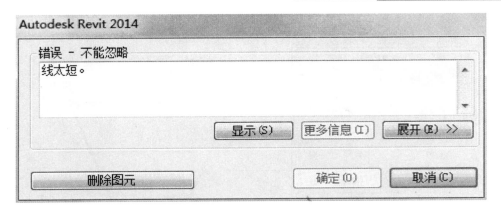

图 4-26　错误提示

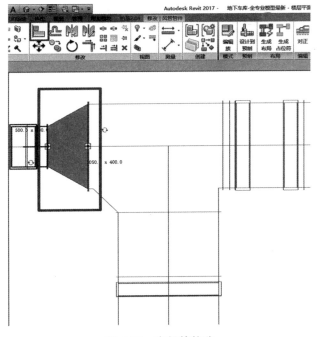

图 4-27　变径管偏移

风管一致，风管尺寸根据 CAD 所标注尺寸设定，【偏移量】仍然设置为【2800】，只是风管的【系统类型】要设置为【SF 送风】，如图 4-32 所示。

这里有一点需要特别说明，由于送风管与回风管整体标高一致，因此在送风管与回风管主管交汇处系统会自动生成四通，从而将两个系统连接，显然这种情况是错误的。所以此处，需要将送风管局部抬高，绕过回风管。从 CAD 图中也可以看到此处有特殊处理，如图 4-33 所示。当送风管绘制到回风主管附件时，更改送风管的【偏移量】为【3300】，如图 4-34 所示。横跨过回风主管后，将回风管【偏移量】重新设置为【2800】，如图 4-35 所示。绘制完成后平面如图 4-36 所示，转到三维视图，可以看到送风管部分抬高绕过了回风管，避免了碰撞。

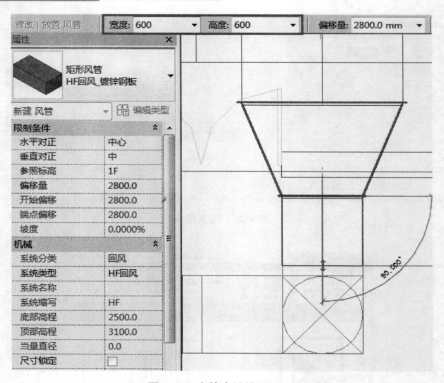

图 4-28　主管末端绘制（一）

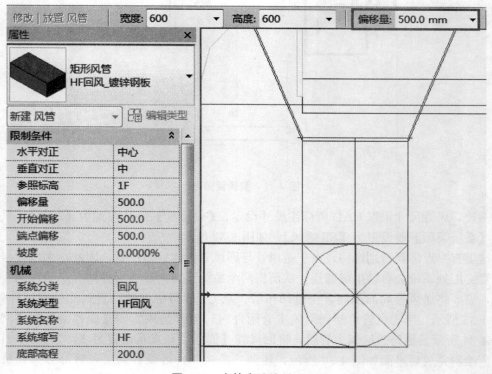

图 4-29　主管末端绘制（二）

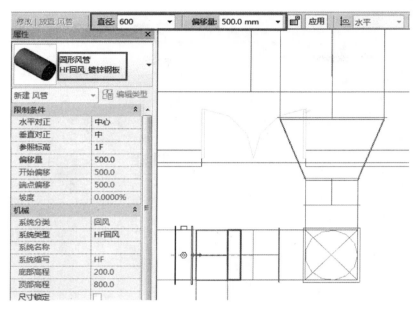

图 4-30　主管末端绘制（三）

图 4-31　暖通模型的回风管

图 4-32　送风管参数设置

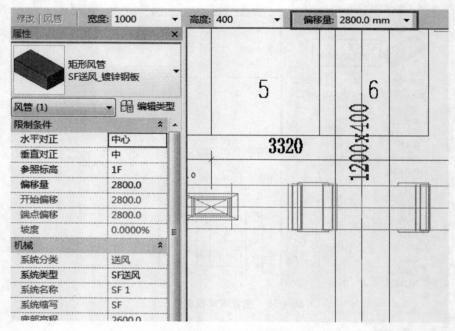

图 4-33　送风管偏移量设置（一）

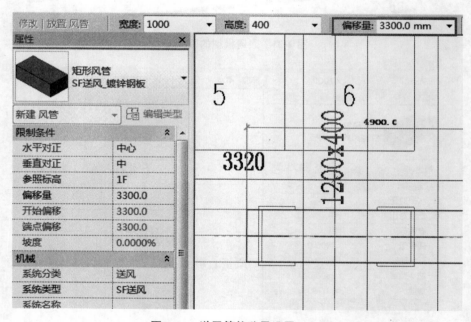

图 4-34　送风管偏移量设置（二）

　　绘制送风管末端时，如图 4-37 所示部位。交叉线表示这里有风管的升降，即风管有高程变化。此处风管各构件之间位置比较紧凑，直接按照 CAD 位置放置时比较困难，甚至会报错，因此在绘制时可先拉长各构件之间的相对位置，绘制完毕之后再进行调整。

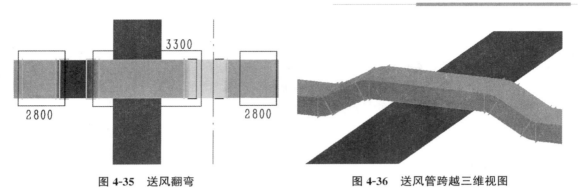

图 4-35　送风翻弯　　　　　　　　　图 4-36　送风管跨越三维视图

提示：对于构件位置的调整，可以使用电脑上的上下左右键进行微调，精确构件位置需使用移动命令。

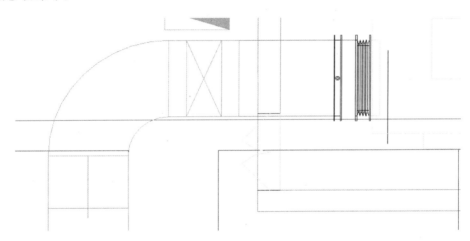

图 4-37　绘制风管末管

所有风管绘制完成之后如图 4-38 所示。

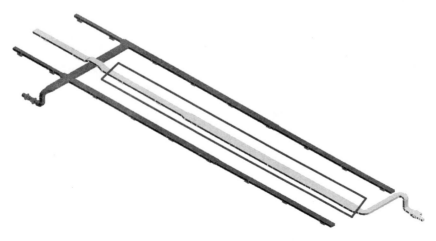

图 4-38　送、回风管三维视图

4.7
风管系统
颜色的
修改

可以看到，画出来【SF 送风管】为中间框选区域，【HF 回风管】为两侧未框选区域色。风管颜色是通过系统来区分的，一般来说不同的系统有不同的颜色，而系统的颜色是添加在材质中的，如图 4-39 所示。在项目浏览器中族的下拉列表中找到风管系统，右击【HF 回风】选择【类型属性】，如图 4-40 所示，打开回风系统的类型属性对话框。

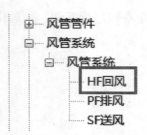

图 4-39　风管系统颜色设置（一）

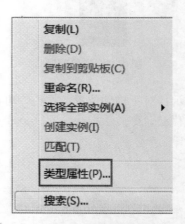

图 4-40　风管系统颜色设置（二）

在类型属性对话框中单击【图形属性】的【编辑】，如图 4-41 所示，弹出【线图形】对话框，在这里可以设置系统的【线颜色】、【线宽】和【填充图案】。

在【图形】选项下方是【材质和装饰】选项，这里可以编辑系统的材质，如图 4-42 所示。在弹出的【材质浏览器】中可以为系统添加相应的材质，并将颜色设置在材质中。如图 4-43 所示。

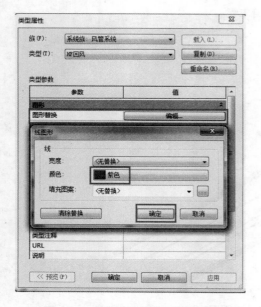

图 4-41　风管系统颜色设置（三）

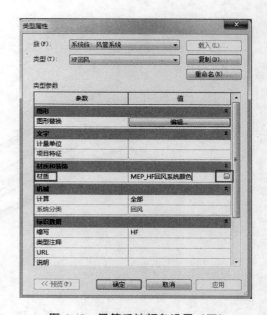

图 4-42　风管系统颜色设置（四）

图 4-43　风管系统颜色设置（五）

4.2.3　添加风口

不同的风系统使用不同的风口类型。例如在本案例中，【SF 送风系统】使用的风口为【双层百叶送风口】、【HF 回风口】为【单层百叶回风口】、【新风口】和【室外排风口】等与室外空气相接触的风口在【竖井洞口】上添加【百叶窗】，所以风管末端无需添加百叶风口（如图 4-44 所示）。

4.8
风口的添加以及连接方式

图 4-44　送风口和回风口示意图

（a）双层百叶送风口；（b）单层百叶回风口

在项目浏览器中单击进入楼层平面【1F】，单击【系统】选项卡下【HVAC】面板上的【风道末端】命令，自动弹出【放置风道末端装置】上下文选项卡。在类型选择器中选择所需的【BM＿单层百叶回风口-铝合金】，【标高】设置为【1F】，【偏移量】设置为

【2200】，如图 4-45 所示。将鼠标放置在单层百叶回风口的中心位置，单击左键放置，风口会自动与风管连接。

提示：如果放置时风口方向不对，可以通过空格键进行切换。

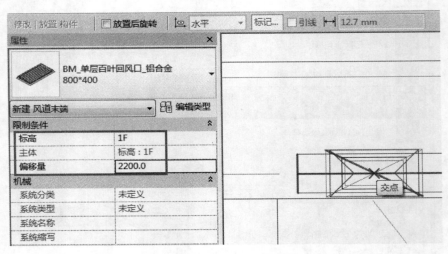

图 4-45　绘制送风口

绘制完成之后如图 4-46 所示。

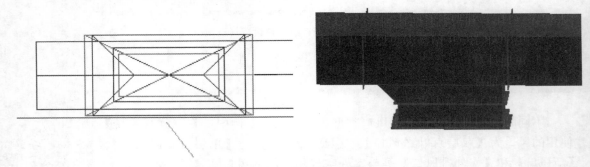

图 4-46　送风口示意图

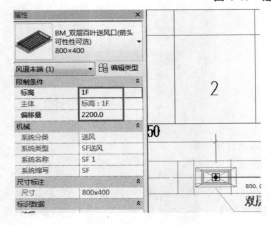

图 4-47　绘制回风口

同样的方法将其余回风管道上的单层百叶回风口添加完毕。

添加双层百叶送风口。单击【系统】选项卡下【HVAC】面板上的【风道末端】命令，自动弹出【放置风道末端装置】上下文选项卡。在类型选择器中选择所需的【BM_双层百叶送风口】，【标高】设置为【1F】，【偏移量】设置为【2200】，如图 4-47 所示。将鼠标放置在双层百叶送风口的中心位置，单击左键放置，风口会自动与风管连接。

风口添加完成之后三维模型如图 4-48 所示。

图 4-48　含有风口的送回风管道三维视图

4.2.4　添加并连接空调机组

机组是完整的暖通空调系统不可或缺的机械设备，有了机组的连接，送风系统、回风系统和新风系统才能形成完整的中央空调系统，了解机组有助于读者了解【系统】的含义。

单击【系统】选项卡下【机械】面板上的【机械设备】，在类型选择器中选择【BM_空调机组】，【偏移量】设置为【500】，然后在绘图区域内将机组放置在 CAD 底图机组所在的位置单击鼠标左键，即将机组添加到项目中。按空格键，可以改变机组的方向。放置完成后用对齐命令将机组与 CAD 底图对齐，如图 4-49 所示。

4.9
添加并连接空调机组

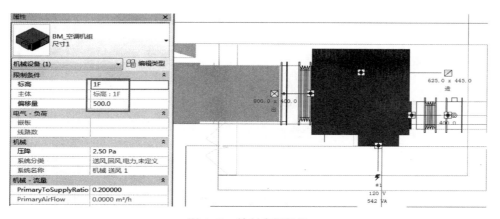

图 4-49　绘制空调机组

机组放置完成后，拖动左侧通风管道使其与机组相连。捕捉机组连接点时可使用 Tab 键进行切换捕捉，如图 4-50 所示。

单击选择空调机组，右击右侧风管连接件，如图 4-51 所示，单击绘制风管。从风管类型选择器中选择【矩形风管 SF 送风_镀锌钢板】，如图 4-52 所示，绘制与空调机组连接的另一条风管。

三维视图如图 4-53 所示。

4.10
风管管件的放置以及连接

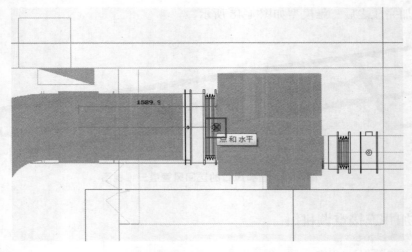

图 4-50　空调机组与风管相连

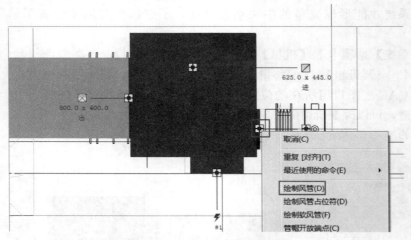

图 4-51　从空调机组上绘制风管（一）

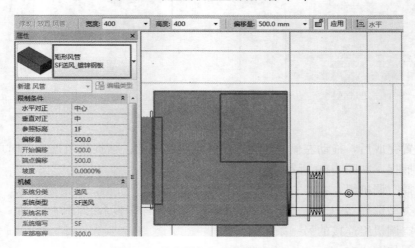

图 4-52　从空调机组上绘制风管（二）

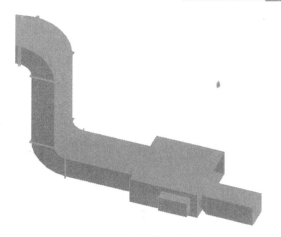

图 4-53　机组与风管的三维视图

4.2.5　添加风管附件

风管附件包括风阀、防火阀、软连接等如图 4-54 所示。

4.11
风管附件
的位置
微调

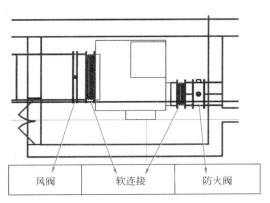

| 风阀 | 软连接 | 防火阀 |

图 4-54　风管附件

单击【常用】选项卡下【HVAC】面板上的【风管附件】命令，自动弹出【放置风管附件】上下文选项卡。在类型选择器中选择【BM_风阀】，在绘图区域中需要添加风阀的风管合适的位置的中心线上单击鼠标左键，即可将风阀添加到风管上，如图 4-55 所示。

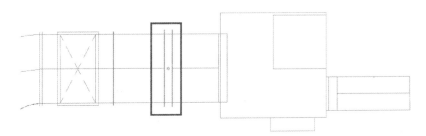

图 4-55　风管附件的添加

提示：风管附件的添加一般不需要设置标高及尺寸，风管附件会自动识别风管的标高及尺寸，放置时只需确定位置即可。

与上述步骤相似，在类型选择器中选择【防火阀】和【风管软接】，添加到合适位置。（如图 4-56 所示）

图 4-56　风管附件三维视图

4.2.6　添加排风机

单击【系统】选项卡下【机械】面板上的【机械设备】，在类型选择器中选择【BM_轴流排风机_自带软接】。与放置机组不同，排风机放置方法是直接添加到绘制好的风管上。选择排风机之后单击风管中心线上某一点即可放置风机。如图 4-57 所示。

排风机放置完成后再添加相应的风管附件，此处的防火阀要使用【BM_防火阀_圆形_碳钢】，添加完成之后如图 4-58 所示。

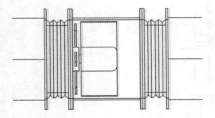

图 4-57　在已有风管上添加排风机

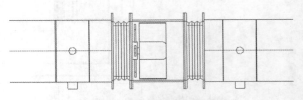

图 4-58　带有防火阀的排风机

至此，整个暖通模型搭建完成，如图 4-59 所示。

图 4-59　暖通模型三维视图

4.2.7　暖通空调专业系统分析与校核计算

Autodesk Revit 为暖通空调专业提供快速准确的计算分析功能，内置的冷热负荷计算工具，可以进行能耗分析并生成负荷报告；风管和管道尺寸计算工具，可根据不同算法确定干管、支管乃至整个系统尺寸；检查工具及明细表，可以自动计算压力和流量等信息，检查系统合理性。

1. 负荷计算

Autodesk Revit 内置的负荷计算工具是基于美国 ASHRAE 的负荷计算标准，采用热平衡法（HB）和辐射时间序列法（RTS）进行负荷计算。该工具可以自动识别建筑模型信息，读取建筑构件的面积、体积等数据并进行计算。

负荷计算前需要提前设置项目所处的地理位置、建筑类型和构造类型等基本信息，然后通过"空间"放置自动获取建筑中不同房间的信息：周长、面积、体积、朝向、门窗位置及门窗面积等；通过设置"空间"属性，定义建筑物围护结构的传热系数、房间人员负荷等能耗分析参数。最后通过"分区"功能，合理组合空间，并为分区设置空调系统。

冷热负荷计算详细方法可参考《Revit 标准化应用案例　柏慕 1.0 使用教程》中第九章 冷热负荷计算，此处不过多赘述。

2. 风系统分析与校核

风管的压力损失主要分为两部分：沿程压力损失和局部压力损失。根据计算得到的风管压力损失可以作为风机等压力提升设备的数据依据。

1）风管沿程压力损失

风管的所有系统均为有压风管，软件会根据设置自动计算系统中每根风管的风量、当量直径、雷诺数、沿程阻力损失系数和沿程压力损失；同样，软件会根据管件所选的损失方法，自动计算每个风管管件所产生的局部阻力。

Autodesk Revit 风管压降计算有三种计算方法可供选择："Colebrook 公式"（柯列勃洛克公式）、"Haaland 公式"（哈兰德公式）及"Altshul-Tsal 公式"，如图 4-60 所示，这里使用 Altshul-Tsal 公式。

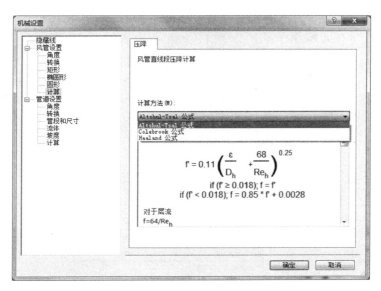

图 4-60　风管压降机算原理

Autodesk Revit 中风管沿程阻力计算采用的是达西-魏斯巴哈公式。

$$h_f = \lambda \frac{L}{4R} \cdot \frac{v^2}{2g}$$

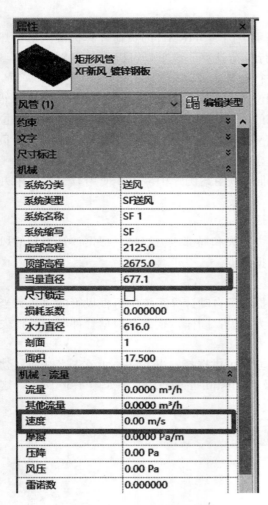

图 4-61　风管属性

其中：

L 为风管长；R 为水力半径；v 为管内平均速度；$v^2/2g$ 为速度水头；λ 为沿程阻力系数。

在 Autodesk Revit 中，风管长（长度）、管径（当量直径）、管内平均速度（速度）都可以在风管的实例属性中得到，如图 4-61 所示。

沿程阻力系数 λ 与雷诺数有关；雷诺数的大小决定管道内的流态（层流，过度流，紊流），不同的流态沿程阻力系数 λ 的计算方式不同。

雷诺数则与液体密度、液体黏性、管径及流体速度相关；风管当量直径和流体速度在管道实例属性中可以得到；空气的动力黏度和密度对于常规系统是相同的，且不考虑温度的影响，我们可以直接在"机械设置"对话框下"风管设置"中找到"空气密度"和"空气黏度"的设置，如图 4-62 所示。

根据公式 $Re = \rho v d / \mu$，可以算得雷诺数的值，根据柯列勃洛克-怀特公式，计算风管沿程阻力系数 λ，最后根据达西公式计算风管沿程阻力损失。

2）风管局部压力损失

根据水力学原理，管道的局部阻力损失公式为：

$$h_f = \zeta \frac{v^2}{2g}$$

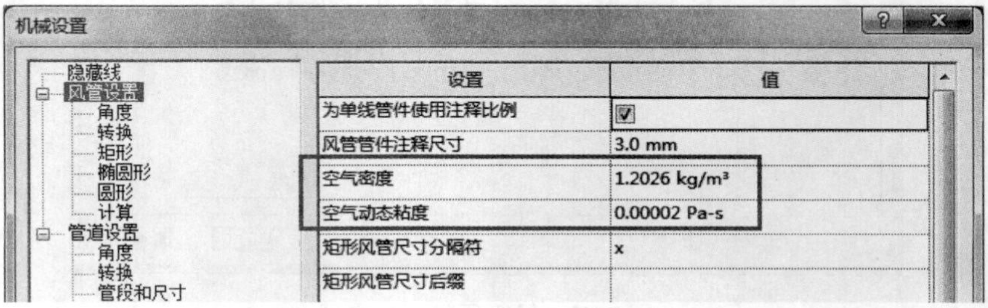

图 4-62　风管设置

其中：

ξ 为局部阻力损失系数，v 为断面平均速度，g 为重力加速度。

关于局部阻力损失系数，在管件的实例属性中，可以从四种损失方法中挑选一种。

• ASHRAE 表中的系数：查表得到风管管件在一定条件下的局部阻力损失系数，如图 4-63 所示

　　• 未定义：定义该风管管件的水头损失为零

　　• 特定系数：可以给管件输入一个局部压力损失系数

　　• 特定损失：可以给管件输入一个压力损失

我们可以根据项目的实际情况选择合理的计算损失的方式。

风管附件也可以用同样的方法计算局部阻力。

3. 水系统分析与校核

空调水系统通常包含冷水系统和冷却水系统两部分。不同空调水系统在 Autodesk Revit 中对应的管道系统分类不同。

图 4-63　局部损失方法设置

空调水系统均为有压系统，系统分析及校核方式与给水系统类似，因此水系统的分析与校核方法请参考 4.4.6 给水排水系统分析与校核计算。

4.3　给水排水模型的绘制

水管系统包括空调水系统、生活给水排水系统及雨水系统等。空调水系统分为冷水、冷却水、冷凝水等系统。生活给水排水分为冷水系统、热水系统、排水系统等等。本章主要讲解水管系统在 Revit 中的绘制方法。

案例【地下车库给排水模型】中，需要绘制的有热给水，热回水，普通给水，雨水管，添加各种阀门管件，并与机组相连，形成生活用水系统。需要说明的是本案例中的空调水部分（热供水和热回水）不属于给排水范畴，但由于都属于管道绘制范畴，所以统一在这里绘制。

在地下车库水管平面布置图中，各种管线的意义如图 4-64 所示：绘制水管时，需要注意图例中各种符号的意义，使用正确的管道类型和正确的阀门管件，保证建模的准确性。

绘制水管系统常用的工具在【系统】面板下的【卫浴和管道】中，如图 4-65 所示，熟练掌握这些工具及快捷键，可以提高绘图效率。

4.3.1　导入 CAD 底图

打开之前保存的【地下车库-给排水模型】文件，在项目浏览器中选择【水-建模-给排

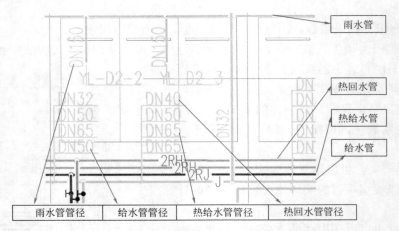

图 4-64　水管管线意义平面图

图 4-65　水管系统常用工具

水】双击进入楼层平面【1F-给排水】平面视图，单击【插入】选项卡下【导入】面板中的【导入 CAD】，单击打开【导入 CAD 格式】对话框，从【地下车库 CAD】中选择【地下车库给排水平面图】DWG 文件，具体设置如图 4-66 所示。

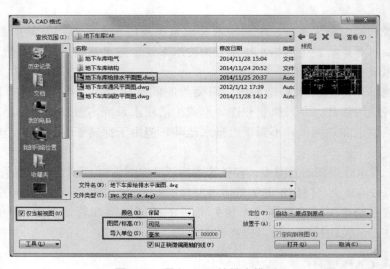

图 4-66　导入 CAD 给排水模型

导入之后将 CAD 先进行解锁，然后与项目轴网对齐后锁定。之后在属性面板选择

【可见性/图形替换】，在【可见性/图形替换】对话框中【注释类别】选项卡下，取消勾选
【轴网】，然后单击两次【确定】。隐藏轴网的目的在于使绘图区域更加清晰，便于绘图如
图 4-67 所示。

图 4-67　隐藏轴网

4.3.2　绘制水管

水管的绘制方法大致和风管一样，本项目从给水管开始画。

在【系统】选项卡下，单击【卫浴和管道】面板中的【管道】工具，
（或输入快捷键 PI），在自动弹出的【放置管道】上下文选项卡中的选项栏里
选择需要【直径】【40】，修改【偏移量】
为【2500】，【管道类型】选择【J 给水 _
不锈钢管】，【系统类型】选择 J 给水系
统，如图 4-68 所示，设置完成之后在绘
图区域绘制水管。首先在起始位置单击
鼠标左键，拖拽光标到需要转折的位置
单击鼠标左键，再继续沿着底图线条拖
拽光标，直到该管道结束的位置，单击
鼠标左键，然后按【ESC】键退出绘制。
绘制完成时候用对齐命令将管道与 CAD
底图对齐（对齐时选择对齐对象时要选
择管道，管件不能对齐）。

提示：管道在精细模式下为双线显
示，中等和粗略模式下为单线显示。

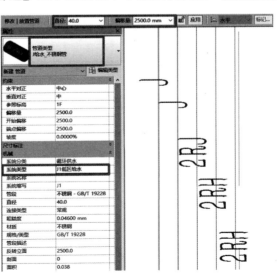

图 4-68　水管参数设置（一）

在管道的变径处，直接在【放置管道】上下文选项卡中的选项栏里修改【直径】为【20】，然后继续绘制管道，如图 4-69 所示。

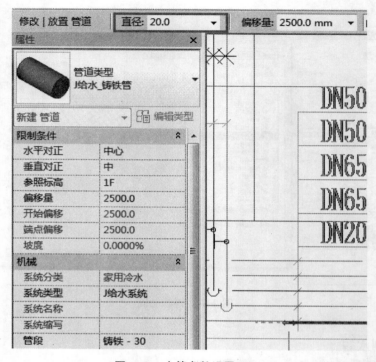

图 4-69 水管参数设置（二）

在该管道末端是一个向下的立管，绘制立管时，直接在【放置管道】上下文选项卡中的选项栏里修改【偏移量】，此处设置为【1000】，如图 4-70 所示，然后单击【应用】即可自动生成相应的立管，结果如图 4-71 所示。

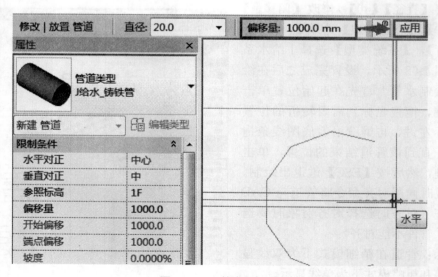

图 4-70 立管参数设置

图 4-71　立管示意图

在管道系统中，弯头、三通和四通之间可以互相变换。图中所示拐角位置需要连接三根管道，单击选中【弯头】，可以看到在弯头另外两个方向会出现两个【+】，单击图中所示位置的【+】，可以看到弯头变成了三通，如图 4-72 所示。同样，单击选中【三通】，会出现【-】，单击【-】三通可以变为弯头，如图 4-73 所示。

4.13
水管管路
附件的
放置

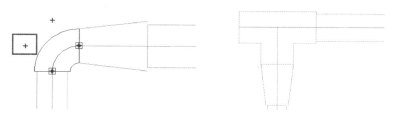

图 4-72　弯头变三通

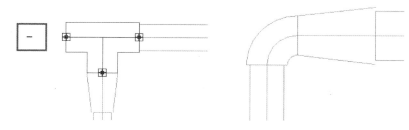

图 4-73　三通变弯头

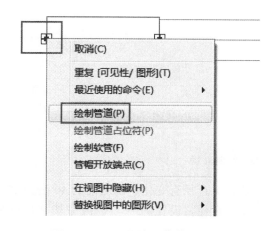

图 4-74　三通处绘制管道

接着三通绘制另一根管道。单击选择【三通】，右击三通左端【拖拽】按钮，如图 4-74 所示，选择【绘制】管道。在此交叉口管道有变径，因此绘制管道时【直径】要选择【20】。沿 CAD 中管道路径进行绘制，此段支路末端同样是一根【底标高】为【1000】的立管，画法同前。

图中所示位置的圆形符号表示一根向上的【立管】。单击【管道】命令，

4.14
水当中弯头、三通、四通之间的切换

按如图所示进行设置，单击管道中心位置，然后再对管道【标高】进行修改，如图 4-75
所示，【偏移量】设置为【4500】，单击【应用】，系统自动生成相应立管。

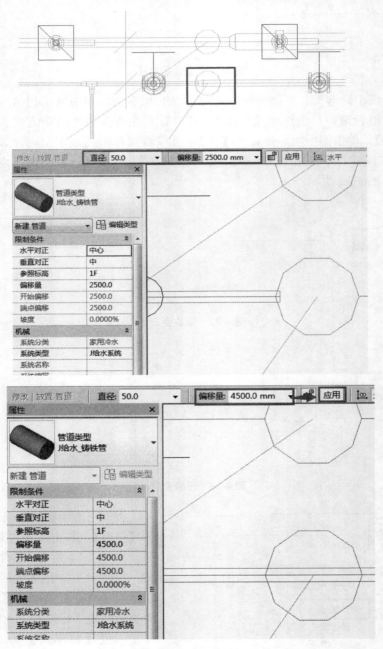

图 4-75 绘制立管

由 CAD 图纸标注可以看出，立管分支处管道直径有变化，由之前的 40 变为 25。选中
需要变径的管道及三通，如图 4-76 所示，调整直径，设置为 25。修改完毕之后就完成了
第一道给水管的绘制，结果如图 4-77 所示。

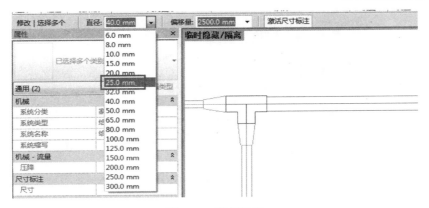

图 4-76　变径三通

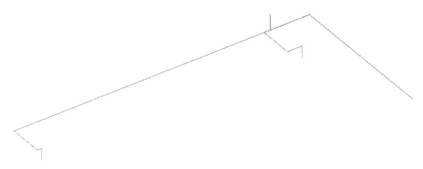

图 4-77　第一道给水管

接着绘制另一根给水管。仍然从末端开始画，绘制方法与之前相同，按如图 4-78 所示进行对管道进行设置，然后沿管道路径绘制管道即可。

在分叉处，设置完尺寸和标高之后绘制管道，起始位置要选择已绘制管道的中心，如图 4-79 所示，这样管道才能自动连接。

如图 4-80 所示位置为水表井。此处管道要下降到一个适合人观察的高度，以便观察仪表的读数。如图 4-81 所示，下降管道【偏移量】设置为【1000】（水平管道）。下降之后管道还要回升的最开始的高度（左侧竖向管道），如图 4-82 所示，管道【偏移量】重新设置为【3200】。此段给水管绘制完成之后如图 4-83 所示。

下一个分支处管道绘制方法与上一

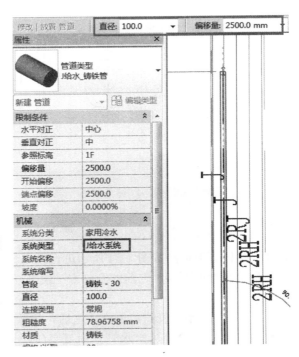

图 4-78　水管参数设置（三）

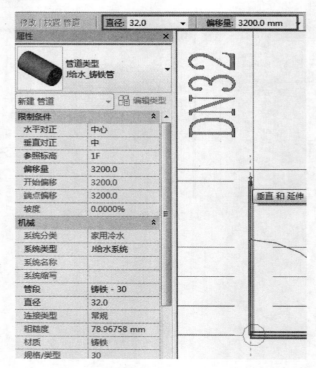

图 4-79　水管绘制

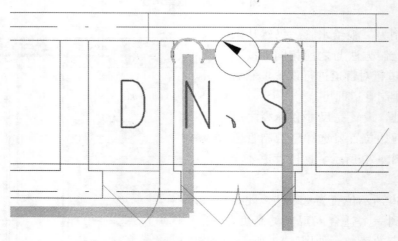

图 4-80　水表井

个相同，具体管道标高按图 4-84 所示进行设定。

其余给水管道可参照之前的绘制方法绘制，最后所有给水管道绘制完成之后如图 4-85 所示。

4.15
水管系统
的切换

给水管道绘制完成之后，依顺序绘制热给水管道（CAD 中标有 2RJ 的字体）。绘制热给水管道时【系统类型】要选择热给水系统，如图 4-86 所示。热给水管道绘制完毕后模型如图 4-87 所示。

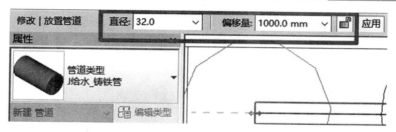

图 4-81　风管下降偏移量设置

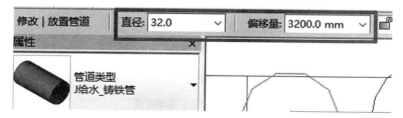

图 4-82　风管上升偏移量设置

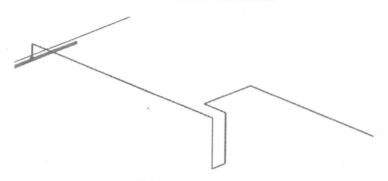

图 4-83　第二段给水管

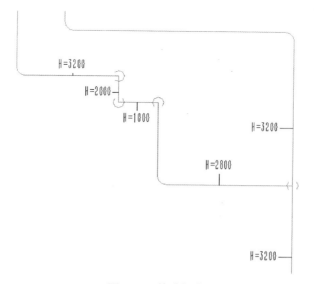

图 4-84　管道标高

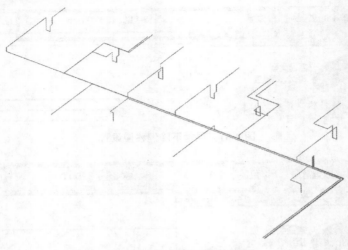

图 4-85　给水管三维示意图

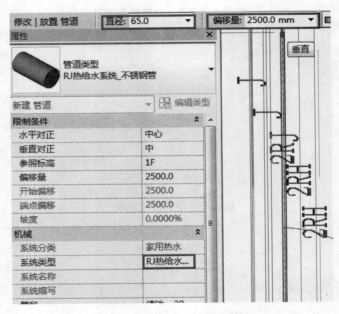

图 4-86　热给水系统参数设置

　　绘制热回水管道时，同样的，【系统类型】要选择相应的热回水系统，如图 4-88 所示。

　　热回水管道绘制完成之后模型如图 4-89 所示。

　　最后绘制雨水管。雨水管是重力流管道（管道内部无压力，依靠重力由高处向低处流），绘制时需要带坡度。如图 4-90 所示，【直径】设置为【200】，【偏移量】设置为【2500】，在【修改｜放置管道】选项卡中选择【向上坡度】，坡度值选择【1.000%】，从末端开始绘制。

　　绘制到四通处按【ESC】键退出绘制。单击【系统】、【管件】，选择【45°斜四通-承插】，偏移量设置为【2500】，然后在空白处单击放置。可以注意到，这个四通的方向不对，因此需要通过空格键将其旋转如图 4-91 所示。

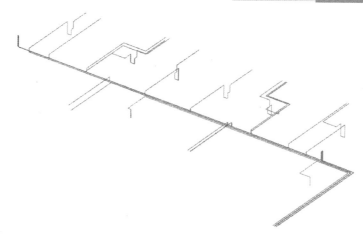

图 4-87　热给水管道三维示意图

旋转之后，将四通移动到雨水管下方，通过捕捉虚线使四通与管道对齐。单击雨水管，拖动雨水管下方拖拽点，使其与四通进行连接，如图 4-92 所示。四通连接好之后以四通为起始端绘制与其连接的两根雨水管，选择四通，右击四通右侧拖拽点，选择绘制管道，如图 4-93 所示。同样，设置【向上坡度】【1.000%】，沿 CAD 图纸所示管道方向绘制管道，如图 4-94 所示。

对于连接在雨水管中间的有不同标高的雨水管，绘制时直接设置相应的标高，然后按图纸绘制即可，如图 4-95 所示。

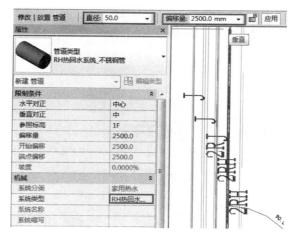

图 4-88　热回水系统参数设置

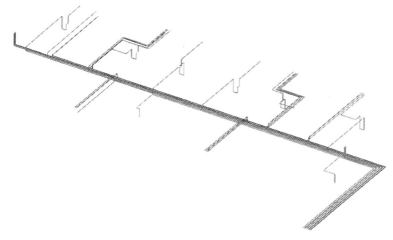

图 4-89　热回水管道三维示意图

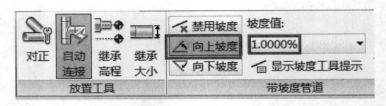

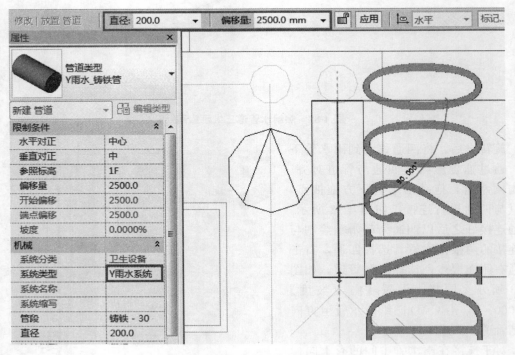

图 4-90　雨水系统参数设置

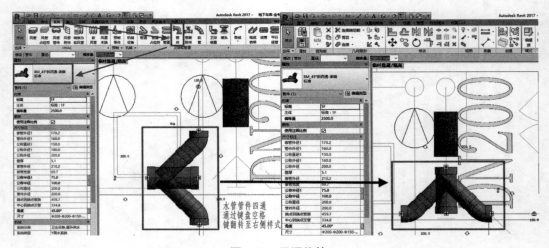

图 4-91　四通旋转

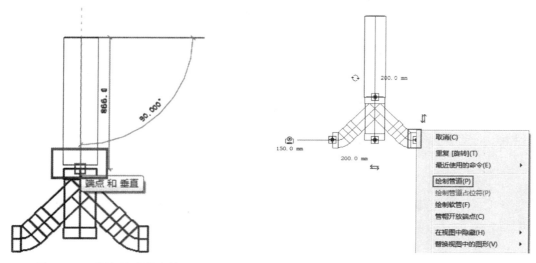

图 4-92　四通与雨水管连接　　　　　　　图 4-93　四通绘制雨水管

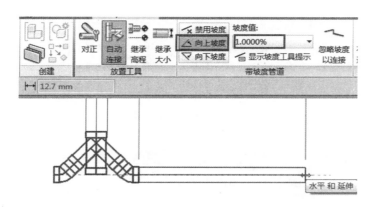

图 4-94　绘制雨水管

　　绘制管道末端的立管时，管道坡度需要设置为【禁用坡度】，【标高】设置为【−1000】，单击应用，如图 4-96 所示。

　　绘制完成的一半雨水管如图 4-97 所示。

　　接下来绘制集水坑中连接水泵的管道。如图 4-98 所示，从水泵端开始绘制。选择管道命令，管道【直径】设置为【100】，【偏移量】设置为【−1000】，开始绘制。拐弯处标高设置为【1000】，接着绘制，如图 4-99 所示。

　　在下一拐角处，将【标高】设置为【3200】，在管道末端，同样绘制一根顶部【标高】为【4000】的立管，如图 4-100 所示。

　　刚刚绘制完成了连接水泵的其中一条管道，现在用复制命令复制另一条与水泵连接的管道。将视图调整到三维视图，选择如图 4-101 所示弯头，单击✚，将弯头变为三通。选择如图 4-102 所示部分管道和管件，将视图转换到后视图，单击【复制】，将选中构件复制到另一边，如图 4-103 所示。复制过去之后管道还没有与整个系统连接起来，需要手动连接，如图 4-104 所示，拖动管道拖拽点，连接管道。连接完成之后如图 4-105 所示。

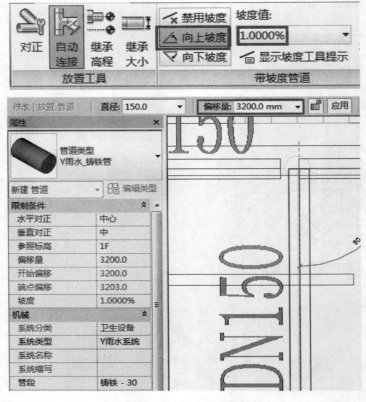

图 4-95　雨水管设置相同标高

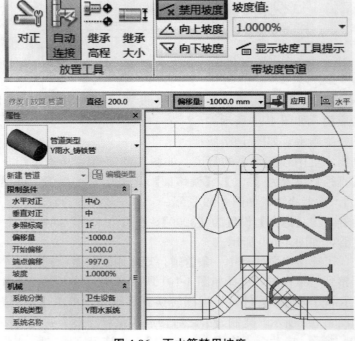

图 4-96　雨水管禁用坡度

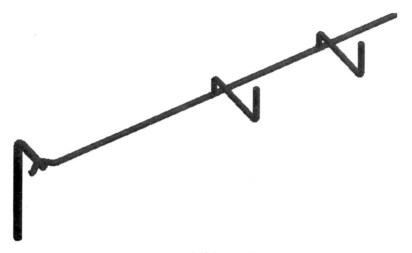

图 4-97　雨水管部分三维视图

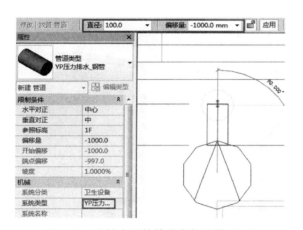

图 4-98　连接水泵的管道参数设置（一）

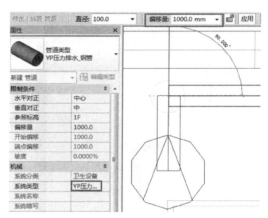

图 4-99　连接水泵的管道参数设置（二）

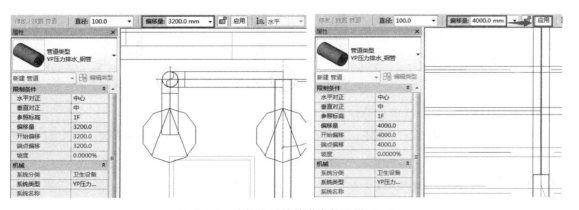

图 4-100　连接水泵的管道参数设置（三）

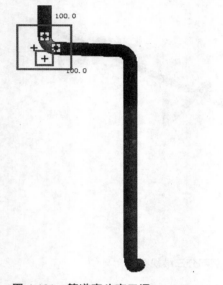

图 4-101　管道弯头变三通

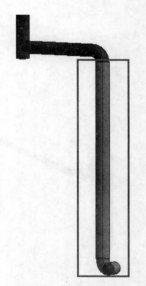

图 4-102　管道复制（一）

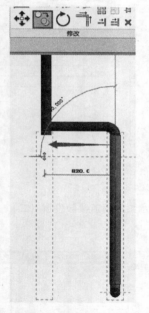

图 4-103　管道复制（二）

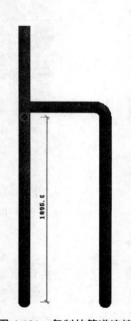

图 4-104　复制的管道连接

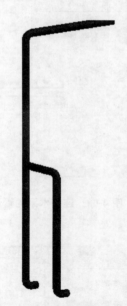

图 4-105　连接水泵管道三维图

　　至此，整个模型的管道部分绘制完成，结果如图 4-106 所示。

　　管道的颜色也是依系统而定，具体添加方法与风管相同，这里不再赘述。

4.3.3　添加管路附件

　　1.添加管道上的阀门

　　在【系统】选项卡下，【卫浴和管道】面板中，单击【管路附件】工具，软件自动弹

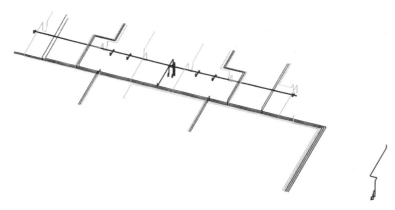

图 4-106　给排水管道三维图

出【放置管路附件】上下文选项卡。单击【修改图元类型】的下拉按钮，选择【BM_截止阀_J41 型_法兰式】，类型选择【J41H_16_50mm】，如图 4-107 所示，把鼠标移动到管道中心线处，捕捉到中心线时（中心线高亮显示），单击完成阀门的添加。

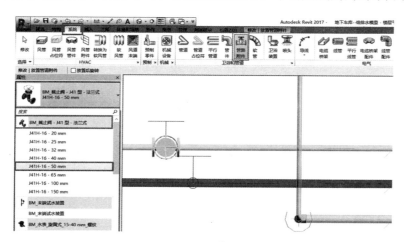

图 4-107　添加管道上的截止阀

将平面的视觉样式设置为中等模式时，阀门会显示其二维表达，如图 4-108 所示。添加完的阀门三维如图 4-109 所示。添加完一个之后将项目中所有的截止阀添加完毕。

截止阀添加完成之后添加蝶阀，添加方法同上，如图 4-110 所示。

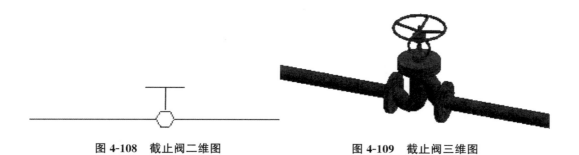

图 4-108　截止阀二维图　　　　　　　图 4-109　截止阀三维图

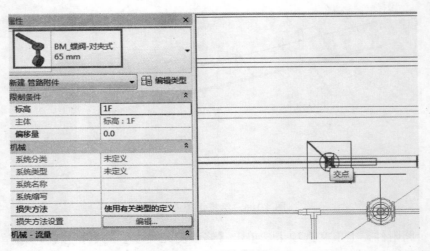

图 4-110　添加蝶阀

2. 添加管道上的水表

在【系统】选项卡下，【卫浴和管道】面板中，单击【管路附件】工具，软件自动弹出【放置管路附件】上下文选项卡。单击【修改图元类型】的下拉按钮，选择【BM＿水表＿旋翼式＿15-40 mm＿螺纹】，类型选择【32mm】，如图 4-111 所示，把鼠标移动到管道中心线处，捕捉到中心线时（中心线高亮显示），单击完成水表的添加。

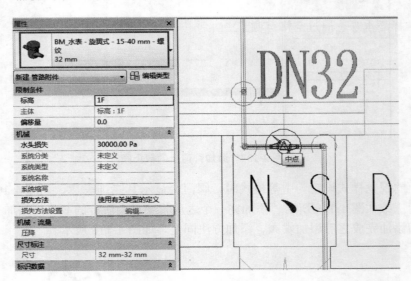

图 4-111　添加水表

将项目中所有的水表添加完毕。

4.3.4　添加水泵

在【系统】选项卡下，【卫浴和管道】面板中，单击【机械设备】工具，单击【修改图元类型】的下拉按钮，选择【潜水泵】，单击项目中空白处放置水泵，如图 4-112 所示。

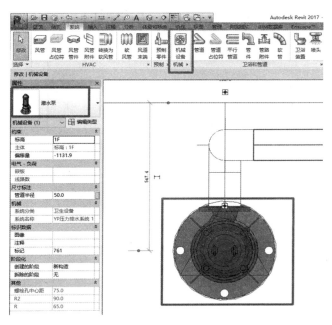

4.16
添加水泵

图 4-112 添加水泵

单击选择潜水泵，通过空格键调整潜水泵的方向，使其管道连接口向上。右击潜水泵拖拽点，在弹出的菜单中选择绘制管道，如图 4-113 所示。沿着潜水泵绘制一段管道，并将该管道【标高】调整为【−1000】，如图 4-114 所示。

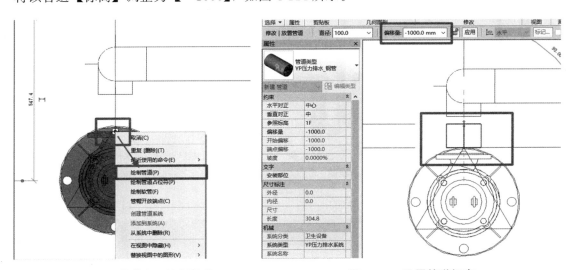

图 4-113 沿着潜水泵绘制管道 图 4-114 设置管道标高

将与潜水泵连接的管道与上方管道对齐，拖动其中一根管道的拖拽点，让两根管道连接。如图 4-115 所示。最后移动潜水泵的位置，与 CAD 中潜水泵的位置一致。

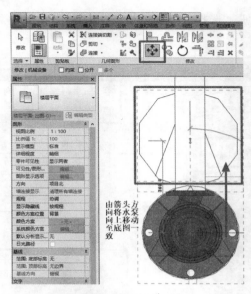

图 4-115　调整水泵位置

将视图转到三维，连接好的一台潜水泵如图 4-116 所示。同样的方法添加另一台潜水泵，最后模型如图 4-117 所示。

整个给排水模型绘制完成之后如图 4-118 所示。

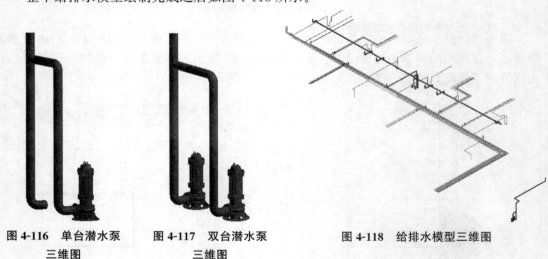

图 4-116　单台潜水泵
三维图　　　　图 4-117　双台潜水泵
三维图　　　　图 4-118　给排水模型三维图

4.4　消防模型的绘制

消防系统是现代建筑设计中必不可少的一部分，由于现代化的建筑物，其电气设备的种类与用量的大大增加，内部陈设与装修材料大多是易燃的，这无疑是火灾发生频率增加的一个因素。其次，现代化的高层建筑物一旦起火，火势猛，蔓延快，建筑物内部的管道竖井，楼梯和电梯等如同一座座烟筒，拔火力很强，使火势迅速扩散，这样，处于高处的人员及物资在火灾时疏散较为困难。除此之外，高层建筑物发生火灾时，其内部通道往往被人切断，从外部扑救不如低层建筑物外部扑火那么有效，扑救工作主要靠建筑物内部的消防设施来扑救。由此可见现代高层建筑的消防系统是何等的重要。

　　本章将通过案例来介绍消防专业识图和在 Revit 中建模的方法，并讲解设置管道系统的各种属性的方法，使读者了解消防系统的概念和基础知识，掌握一定的消防专业知识，并学会在 Revit 中建模的方法。

4.4.1　案例介绍

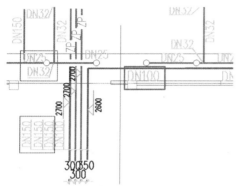

图 4-119　喷淋系统和消火栓系统 CAD 图

4.18
喷头与喷淋管的连接，快速绘制喷淋管道

　　本案例消防模型包含【喷淋系统】和【消火栓系统】。如图 4-119 所示，左侧两个框选图部分为【喷淋系统】，右侧框选区域管径 DN100 的部分为【消火栓系统】。图中标注了各管道的【尺寸】及【标高】，根据这些信息绘制消防模型。观察消防系统 CAD 图纸可以发现，喷淋管道的排布非常有规律，块与块之间相似度很大，因此绘制喷淋管道时要反复使用复制命令以减少工作量。

4.4.2　导入 CAD 底图

　　打开【地下车库-消防模型.rvt】文件，导入【地下车库消防系统.DWG】，并将其位置与轴网位置【对齐】、【锁定】，如图 4-120 所示。

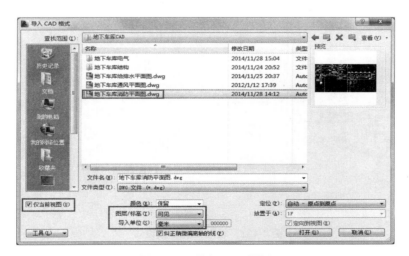

图 4-120　导入 CAD 图纸

与之前相同，CAD 锁定之后，将项目本身的轴网【隐藏】，如图 4-121 所示。

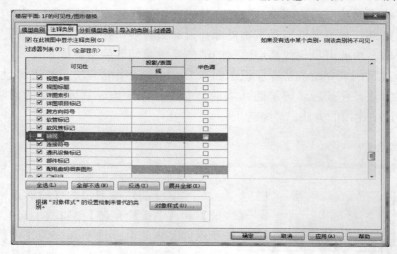

图 4-121　隐藏轴网

4.4.3　绘制消防管道

在【系统】选项卡下，单击【卫浴和管道】面板中的【管道】工具，（或键入快捷键 PI），在自动弹出的【放置管道】上下文选项卡中的选项栏里选择需要【直径】【25】，修改【偏移量】为【2400】，【管道类型】选择标准，【系统类型】选择【喷淋系统】，如图 4-122 所示，设置完成之后在绘图区域绘制水管。整体绘图方向为从左向右。

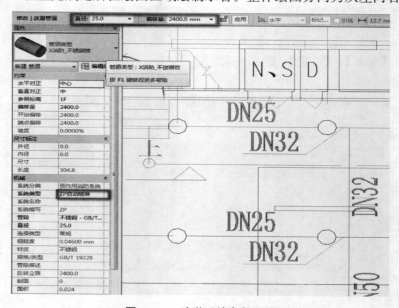

图 4-122　喷淋系统参数设置

单击【卫浴和管道】面板中的【喷头】工具，选择【BM_喷头-ELO型-闭式-直

立型】,【偏移量】设置为【3600】,如图 4-123 所示,将喷头放置在管道的中心线上。喷头需要手动与管道连接:单击选择喷头,在激活的【修改 | 喷头】面板下选择【连接到】,如图 4-124 所示,然后选择要与喷头连接的管道,喷头就会连接到相应的管道。连接完成之后如图 4-125 所示。

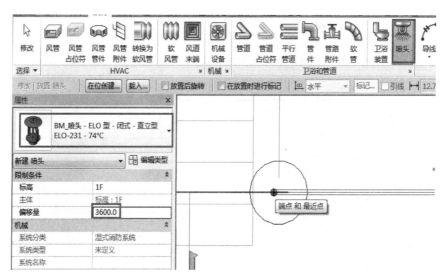

图 4-123　喷头参数设置

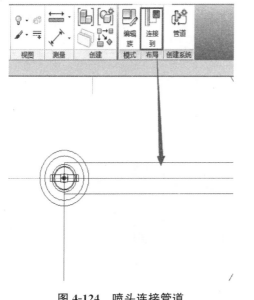

图 4-124　喷头连接管道

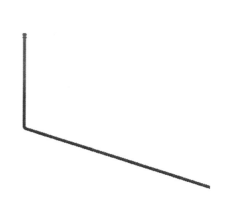

图 4-125　一段喷淋管道三维图

同样的方法将这根横支管上的三个喷头全部连接到管道上。完成之后要将该支管连同相应的喷头整体往下复制。如图 4-126 所示,选中相应的构件,单击【复制】命令,勾选【约束】【多个】,将选中构件依次复制到下方相应位置。复制完成之后如图 4-127 所示。

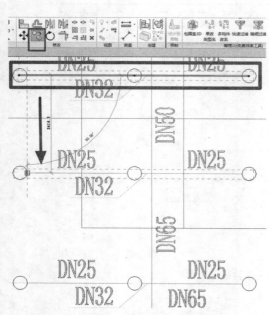

图 4-126　选中需复制的构件

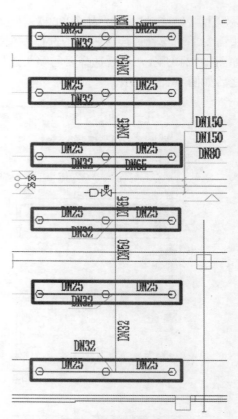

图 4-127　构件复制完成示意图

横支管通过复制已经快速的绘制完成，现在绘制贯穿所有支管的主管，如图 4-128 所

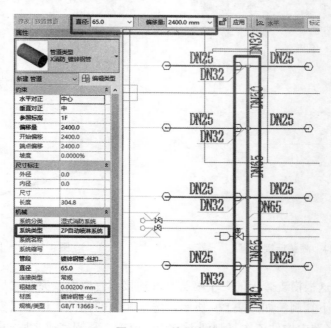

图 4-128　绘制主管

示，管径暂时统一设为 32，绘制完成之后再调整其他管径管道的尺寸。之所以最后绘制主管，是为了让主管自动生成四通，避免了手动连接的麻烦。

选中需要更改尺寸的构件，如图 4-129 所示，直接将【直径】修改为【32】即可。

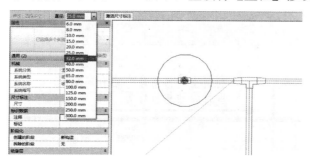

图 4-129　更改构件尺寸

提示：管件也有自己的尺寸，与管道连接的管件的尺寸不会随着管道尺寸的改变而自动改变，因此已经生成的管件也需要手动更改尺寸。

修改完成之后模型如图 4-130 所示。

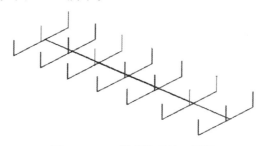

图 4-130　一段喷淋系统三维图

将刚刚绘制的一整块模型作为一个整体，整体的往右复制，如图 4-131 所示。复制过来之后只需要将不相同的部分进行修改即可，如图 4-132 所示。

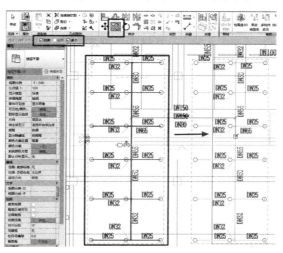

图 4-131　选中需要复制的模型

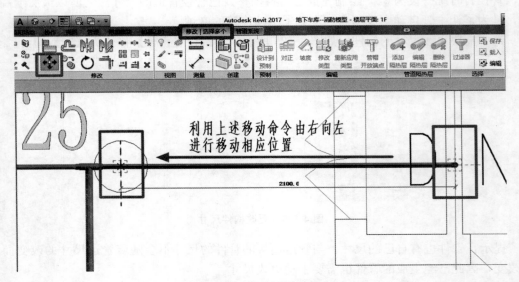

图 4-132　修改不同的部分

　　再往后绘制模型时，可选择与其相邻的左侧两排管道，如图 4-133 所示，整体复制到右侧。

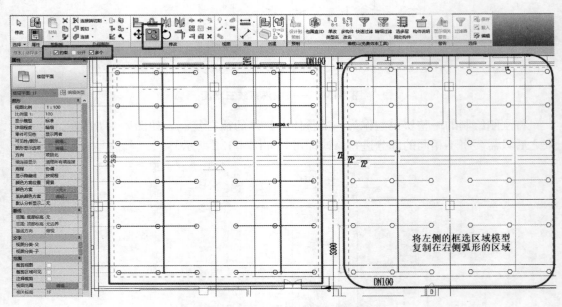

图 4-133　选择两竖排构件进行复制

　　所有支管绘制完成之后最后绘制贯穿整个系统的主管道，如图 4-134 所示，【直径】暂定为【150】，如之前所述，管道连接处会自动生成四通。当然，与之前绘制管道时相同，最后还是要对个别管道进行尺寸的调整。

　　将其余喷淋管道补充完毕，最后模型如图 4-135 所示。

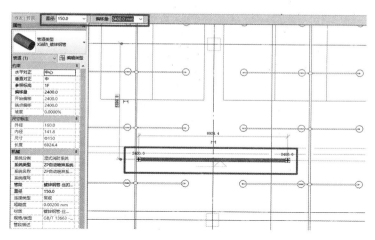

图 4-134 绘制系统主管道

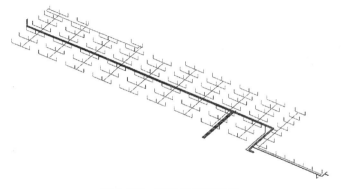

图 4-135 喷淋系统三维图

消火栓管道绘制方法与给排水管道相似，从 CAD 图纸中可以看出，消火栓管道环绕整个地下车库一圈。绘制时先画主管道，如图 4-136 所示，系统类型要选择【消火栓系统】。

图 4-136 消火栓系统参数设置

在绘制与消火栓连接的支管时，无需绘制与消火栓连接的立管，水平管绘制到消火栓处即可，如图 4-137 所示，稍后连接消火栓时会自动生成立管。所有消火栓管道绘制完成后如图 4-138 所示。

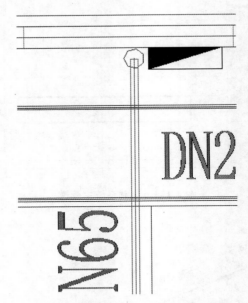

图 4-137　绘制与消火栓连接的支管

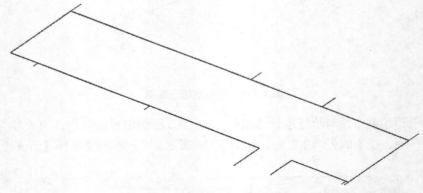

图 4-138　消火栓管道三维图

4.4.4　绘制管路附件

在【系统】选项卡下，【卫浴和管道】面板中，单击【管路附件】工具，软件自动弹出【放置管路附件】上下文选项卡。选择【BM＿末端试水装置】，【偏移量】设置为【1000】，如图 4-139 所示，在绘图区域单击放置。单击选择此末端试水装置，在【修改｜管路附件】面板下选择【连接到】命令，然后单击选择要与此末端试水装置连接的管道，完成连接，如图 4-140 所示。

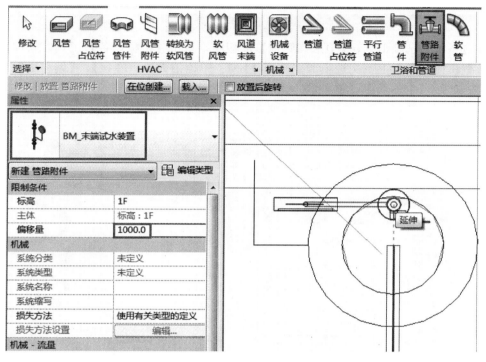

图 4-139　消防系统管路附件参数设置

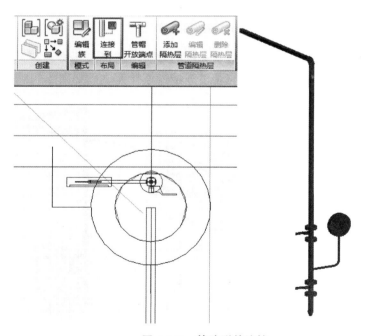

图 4-140　管路附件连接

4.4.5 绘制消火栓

在【系统】选项卡下，【卫浴和管道】面板中，单击【机械设备】工具，软件自动弹出【放置机械设备】上下文选项卡。选择【BM_单栓消火栓_左接】，【偏移量】设置为【1100】，如图 4-141 所示，在绘图区域单击放置。方向不对时可通过空格键切换构件方向。

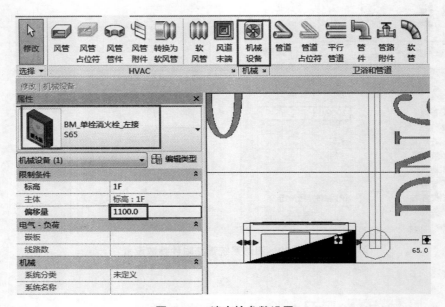

图 4-141　消火栓参数设置

将消火栓连接到相应的管道上。连接消火栓的方法与连接末端试水装置相同，即单击消火栓，选择【连接到】命令将消火栓与管道连接。连接完之后如图 4-142 所示。

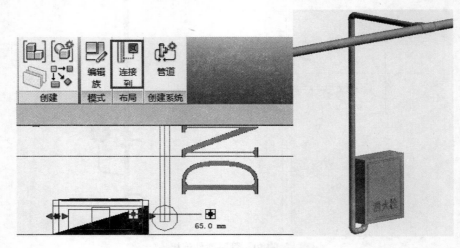

图 4-142　消火栓与管道连接

使用连接到命令连接消火栓时，系统会默认最短路径连接。对于需要沿其他路径连接的消火栓，如图 4-143 所示，需要手动连接。

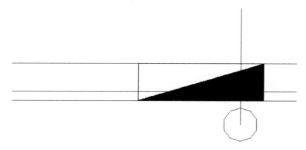

图 4-143　手动连接消火栓

4.19
消火栓的
连接

单击选择消火栓，右击管道连接点，选择绘制管道。将管道【偏移量】设置为【1000】，如图 4-144 所示。绘制完成之后将上下两根管道连接，最后效果如图 4-145 所示。

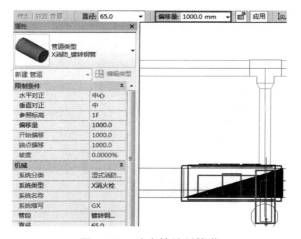

图 4-144　消火栓绘制管道　　　　图 4-145　单栓消火栓连接三维图

在此项目中有三种消火栓：单栓消火栓（左接）、单栓消火栓（右接）和双栓消火栓。两种单栓绘制方法相同，双栓区别与单栓的是有两根管道与消火栓连接，如图 4-146 所示。项目中此消火栓连接路径非最短路径，因此绘制时需手动绘制管道连接。连接完成之后如图 4-147 所示。

将其余消火栓统一与管道进行连接，结果如图 4-148 所示。

最后，整个消防模型如图 4-149 所示。

4.4.6　给水排水系统分析与校核计算

1.给水排水系统流量计算

管道的流量根据管道上连接的卫生器具的当量总数确定，进而用于分析管道的管径是

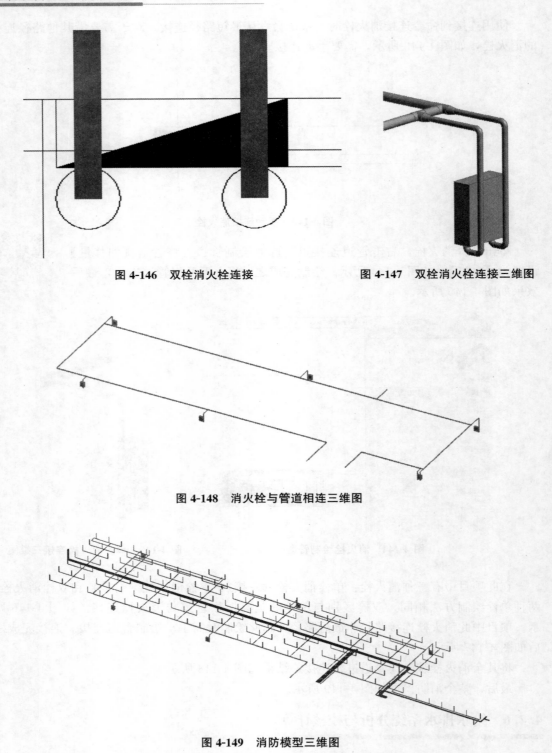

图 4-146　双栓消火栓连接　　　　　　图 4-147　双栓消火栓连接三维图

图 4-148　消火栓与管道相连三维图

图 4-149　消防模型三维图

否合理。在 Autodesk Revit 中，我们可以提前在卫生器具及其他用水设施的连接件上设置冷水当量或者热水当量，根据系统内嵌计算方式计算每段管道的设计秒流量。

　　在给排水系统中，软件默认的当量与流量的转化方式有水箱及延时自闭阀两种。如图 4-150 所示，选择某一个系统，在系统类型属性对话框中可以看到参数 "流量转换方法"，我们可以根据需要选择【主冲洗阀】和【主冲洗箱】。

图 4-150　给排水系统中流量转换方法

接下来通过一个例子来说明给水流量的计算：

选择卫生间中的【坐便器】，为其冷水当量输入值，如图 4-151 所示，输入【10】。

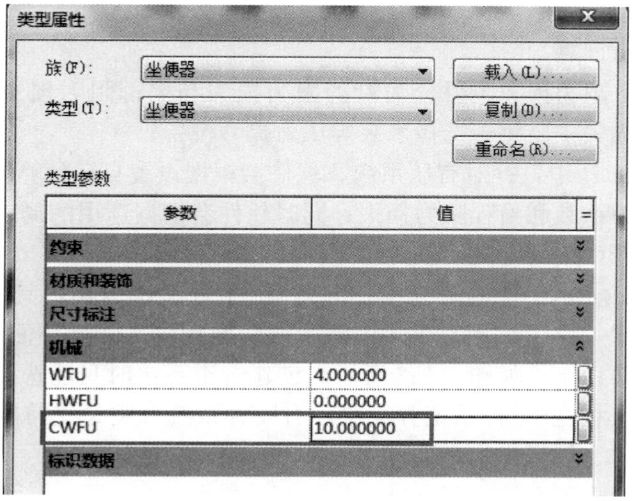

图 4-151　输入冷水当量

说明：当族类别为"卫浴装置"时，族的类型属性中会带有【WFU】、【HWFU】、【CWFU】三个参数；其中【WFU】表示排水当量，【HWFU】表示冷水当量，【CWFU】表示热水当量。

单击如图 4-152 所示冷水管，在管段属性栏中可以看到管段的流量。

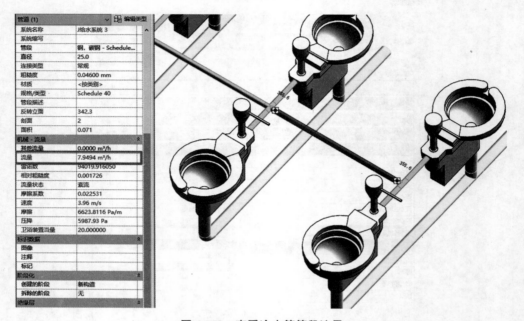

图 4-152　查看冷水管管段流量

软件默认的当量与流量转换方式参照的是《2012 International Plumbing Code》(IPC) Table E103.3（3）标准。图 4-152 指管段给水当量为其所属两个坐便器的给水当量总和，系统根据表格进行当量与流量的转换。

注意：分析管段流量时，对应的卫浴装置（坐便器、小便器、洗脸盆等）需要与对应的管道连接。

2.管道阻力分析计算

对于压力管道，阻力损失主要分为沿程阻力损失与局部阻力损失。在给水排水系统中，计算管道阻力损失主要用于选择水泵等压力提升设备。

在 Autodesk Revit 中，针对有压系统，软件会根据设置自动计算系统中每根水管的流量、流态、沿程阻力系数和沿程阻力损失；同时软件会根据选用的局部阻力损失方法，自动计算每个管件所产生的局部阻力损失。

注意：Autodesk Revit 管道系统中一共包含 11 种系统分类：其他、其他消防系统、卫生设备、家用冷水、家用热水、干式消防系统、循环供水、循环回水、湿式消防系统、通风孔和预作用消防系统，如图 4-153 所示。创建管道系统时只能选择其中一种，不能创建或删除系统分类。在这 11 种系统分类中，有 4 种系统分类是支持阻力损失计算的，即家用冷水、家用热水、循环供水和循环回水。

卫生设备作为重力流系统，只支持流量计算，如图 4-154 所示。

以给水（冷水）系统为例，介绍软件计算沿程阻力损失和局部阻力损失的方法。

图 4-153　管道系统

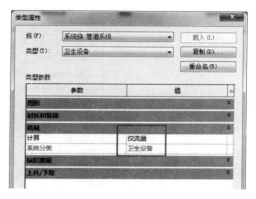

图 4-154　管道系统流量计算

1）沿程阻力损失

Autodesk Revit 压降计算有两种计算方法可供选择："Colebrook 公式"（柯列勃洛克公式）和"Haaland 公式"（哈兰德公式），如图 4-155 所示，这里使用 Colebrook 公式。

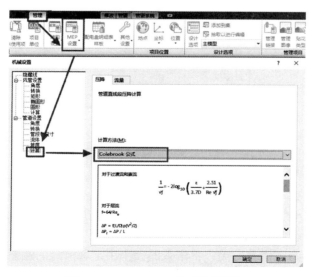

图 4-155　Colebrook 公式计算压降

管道沿程阻力损失的计算公式为：

$$h_f = \lambda \frac{L}{4R} \cdot \frac{v^2}{2g}$$

其中：

L 为管长；R 为水力半径；v 为管内平均速度；$v^2/2g$ 为速度水头；λ 为沿程阻力系数。

在 Autodesk Revit 中，管长（长度）、管径（内径）、管内平均速度（速度）都可以在管道的实例属性中得到，如图 4-156 所示。

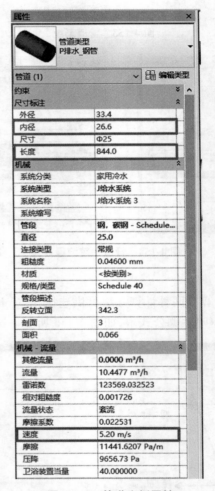

图 4-156　管道实例属性

这里要做个说明：

管段内径与管道类型所选的管段有关，如图 4-157 所示，在机械设置中，每个管段每个尺寸都有对应的外径与内径。

沿程阻力系数 λ 与雷诺数有关；雷诺数的大小决定管道内的流态（层流，过度流，紊流），不同的流态沿程阻力系数 λ 的计算方式不同。

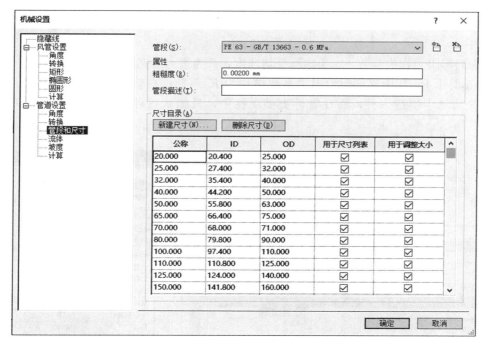

图 4-157 管段内径尺寸

雷诺数则与液体密度、液体黏性、管径及流体速度相关；管径和流体速度在管道实例属性中可以得到，液体密度、液体黏性需要根据系统中设置的"流体类型"和"流体温度"，到"机械设置"中查得相应的"密度"和"黏度"值，如图 4-158 所示。

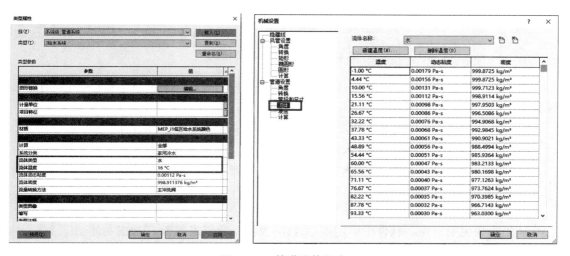

图 4-158 管道流体温度

换言之，如果要用模型做阻力分析计算，需要提前设置好上述所示与计算相关内容。

2）局部阻力损失

根据水力学原理，管道的局部阻力损失公式为：

$$h_f = \xi\, \frac{v^2}{2g}$$

其中:

ξ 为局部阻力损失系数,v 为断面平均速度,g 为重力加速度。

Autodesk Revit 中局部阻力损失系数被称为 K 系数;在管件的实例属性中,可以从五种损失方法中挑选一种,而在管件类型属性中,只能从三种损失方法中挑选一种,如图 4-159 所示。

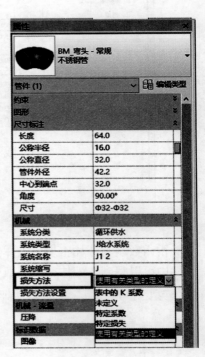

图 4-159 弯头局部阻力损失

那么管件的局部阻力损失主要体现在 K 系数的选择上,软件提供的这几种方式有什么区别么?

1) 表中的 K 系数:查表得到管件在一定条件下的局部阻力损失系数

2) 未定义:定义该管件的水头损失为零

3) 特定系数:可以给管件输入一个局部阻力损失系数

4) 特定损失:可以给管件输入一个阻力损失

5) 使用有关类型的定义:用该管件的类型属性中定义的损失方法

这里需要说明的是,软件中确定 K 系数的表格,数据来源于 CIBSE 标准。

综上所述,根据设定的 K 系数、管道自动生成的属性,以及重力加速度,软件可以自动计算管件的局部阻力损失。

3. 系统分析

完成给水排水系统创建后,我们需要找到管路中最不利路径,并计算出此路径阻力损失,作为水泵等压力提升设备的参考依据。

首先检查系统完整性，即检查最不利管路是否正确连接。

单击【分析】选项卡中的【显示隔离开关】命令，在弹出的【显示断开连接选项】对话框中，勾选【管道】，然后在视图中显示出没有连接好的管道端部，如图 4-160 所示。

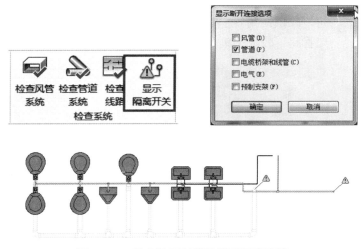

图 4-160　检查最不利管路是否正确连接

对于开放端，我们可以为其增加管帽来实现系统的封闭。如图 4-161 所示，在【修改|管道】选项卡上点击【管帽开放端部】命令快速添加管帽，将管路系统调整为有效的系统，使计算功能可以正常工作。

图 4-161　管帽开放端部

接下来使用【系统检查器】检查排水系统是否合理如图 4-162，检查给水系统中的流量计压力变化情况。

选择需要检查的管路中任意一根管道，如果管路所在系统是合理的，则【修改|管道】选项卡上会出现【系统检查器】命令；如果管路因为某种原因不合理，则不会显示【系统检查器】命令。

图 4-162　选择系统检查器

图 4-163　系统检查器

当系统合理时，单击【系统检查器】命令，在浮动的系统检查器工具栏上，点击【检查】命令，激活系统检查器，如图 4-163 所示。

软件会将除了该系统外的所有图元用半色调显示，来突出该系统用于检查。同时会在管道内添加箭头标志，显示每根管道中的水流方向，以供使用者检查。同时，箭头分两种颜色，较小的框选区域为常规管路，较大的框选区域最不利管路，如图 4-164 所示。

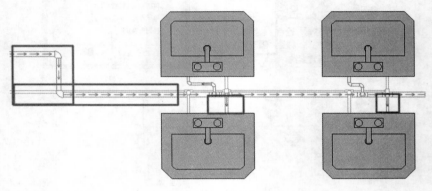

图 4-164　管道检查

检查完成后，我们可以在系统的实例属性中得到该系统的总当量、流量和阻力损失值，如图 4-165 所示。

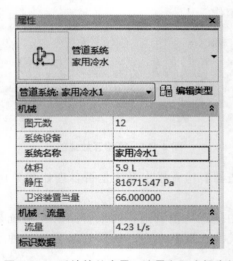

图 4-165　系统的总当量、流量和阻力损失值

4.5　电气模型的绘制

电气系统是现代建筑设计很重要的一部分，电气系统是以电能、电气设备和电气技术

为手段来创造、维持与改善限定空间和环境的一门科学，它是介于土建和电气两大类学科之间的一门综合学科。经过多年的发展，它已经建立了自己完整的理论和技术体系，发展成为一门独立的学科。主要包括：建筑供配电技术，建筑设备电气控制技术，电气照明技术，防雷、接地与电气安全技术，现代建筑电气自动化技术，现代建筑信息及传输技术等。本节将通过案例介绍电气专业识图和使用 Revit 建模的方法，使读者了解电气系统的概念和基础知识，并掌握一定的电气专业知识。

　　本节选用电气系统中部分图纸，包括【地下车库强电干线平面图】、【地下车库弱电干线平面图】和【地下车库照明平面图】三张 CAD 图纸，涵盖了电气系统中的强电系统、弱电系统和照明系统三大部分，如图 4-166 所示。

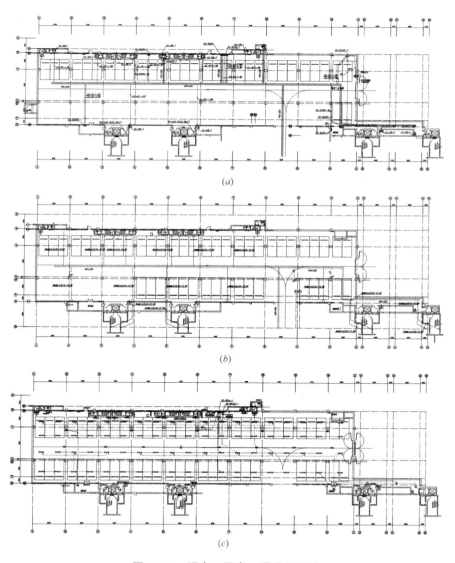

(a)

(b)

(c)

图 4-166　强电、弱电、照明平面图

(a) 强电干线平面图；(b) 弱电干线平面图；(c) 照明平面图

4.5.1 强电系统的绘制

1. 导入 CAD 底图

打开之前保存的【地下车库-电气模型】文件,在项目浏览器中双击进入【楼层平面1F】平面视图,单击【插入】选项卡下【导入】面板中的【导入 CAD】,单击打开【导入CAD 格式】对话框,从【地下车库 CAD】中选择【地下车库强电干线平面图】DWG 文件,具体设置如图 4-167 所示。

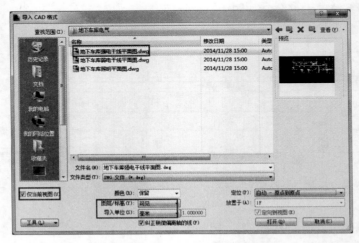

图 4-167 导入地下车库强电平面图

导入之后将 CAD 解锁,然后与项目轴网对齐锁定。与绘制给排水模型相同,在属性面板选择【可见性/图形替换】,在【可见性/图形替换】对话框中【注释类别】选项卡下,取消勾选【轴网】,然后单击两次【确定】。隐藏轴网的目的在于使绘图区域更加清晰,便于绘图,如图 4-168 所示。

图 4-168 隐藏轴网

2. 绘制强电桥架

4.20
电缆桥架
的绘制以
及连接

单击【系统】选项卡下【电气】面板上的【强电桥架】命令，从【带配件的电缆桥架】中选择类型【强电桥架】，在选项栏中设置桥架的尺寸和高度，如图 4-169 所示，【宽度】设为【500】，【高度】设为【200】，【偏移量】设为【2700】。其中偏移量表示桥架底部距离相对标高的高度偏移量。桥架的绘制与风管的绘制相同需要两次单击，第一次单击确认桥架的起点，第二次单击确认桥架的终点。绘制完毕后选择【修改】选项卡下【编辑】面板上的【对齐】命令，将绘制的桥架与底图中心位置对齐并锁定，如图 4-169 所示。

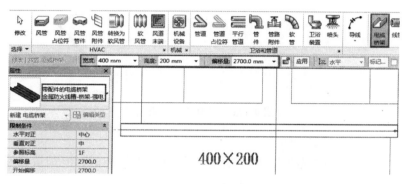

图 4-169　绘制电缆桥架

绘制桥架支管时，方法与风管相同，设置好桥架支管尺寸后直接绘制即可，系统会自动生成相应的配件，如图 4-170 所示。

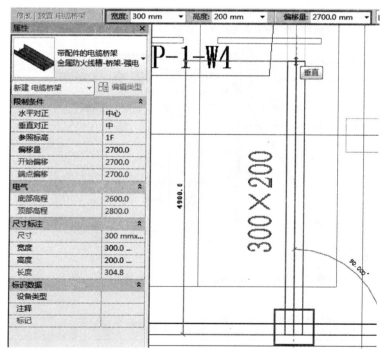

图 4-170　设置桥架参数

强电桥架绘制完成之后如图 4-171 所示。

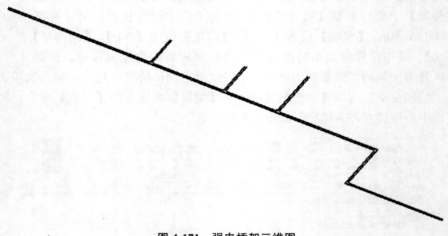

图 4-171　强电桥架三维图

3.添加过滤器

4.21
过滤器
添加

　　电气中桥架的绘制方法虽然与风管、水管类似，但是桥架没有系统，也就是说不能像风管一样通过系统中的材质添加颜色。但是桥架的颜色可以通过过滤器来添加。

　　在项目浏览器中单击进入【电气-建模-电力】楼层平面【1F＿电力】，在属性面板选择【可见性/图形替换】，单击【可见性/图形替换】对话框中【过滤器】选项卡，单击【添加】为视图添加过滤器。在弹出的【添加过滤器】对话框中选择【金属防火线槽-强电】和【金属防火线槽-弱电】命令，如图 4-172 所示。

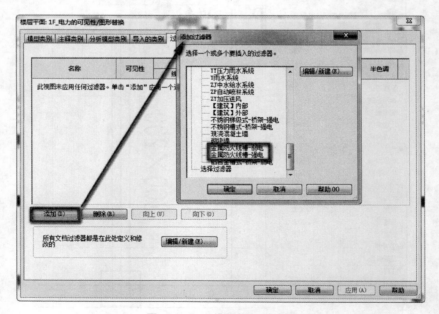

图 4-172　二维图添加过滤器

页面跳转到可见性设置对话框。选择刚刚添加的强电桥架，单击【投影/表面】中【填充图案】下的【替换】，在弹出的【填充样式图形】对话框中将颜色设置为红色，填充图案设置为实体填充，如图 4-173 所示。

图 4-173　二维图中替换颜色

单击【确定】，完成过滤器的添加及设置，可以发现，刚刚绘制的强电桥架已经变成了刚刚设置的红色（见框线部分），如图 4-174 所示。

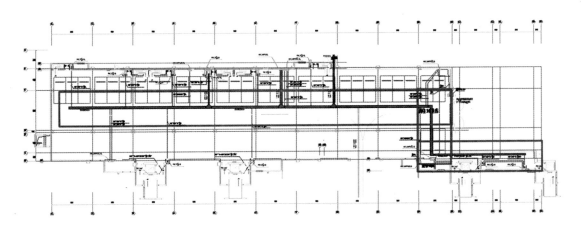

图 4-174　强电桥架二维图

打开三维视图，可以发现此视图中刚刚绘制的强电桥架颜色却并没有发生变化，这是因为过滤器的影响范围仅仅是当前视图。因此如果想要三维视图中桥架也发生相应的颜色变化，需要在此视图的可见性设置中添加相应的过滤器，如图 4-175 所示。

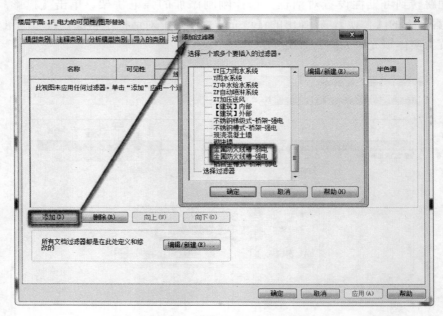

图 4-175　三维视图添加过滤器

　　一个项目中的过滤器是通用的，前面设置的过滤器在另一个视图中也是可以使用的。使用时直接选择即可。但是具体的颜色及填充图案需要重新设置，如图 4-176 所示。完成后单击【确定】可以看到三维视图中桥架颜色也变成了红色，如图 4-177 所示。

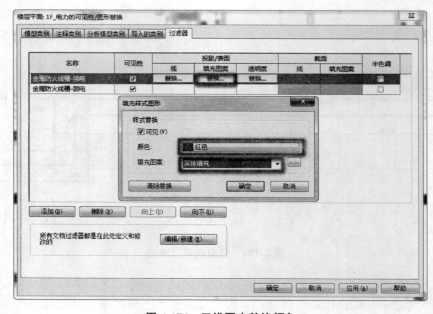

图 4-176　三维图中替换颜色

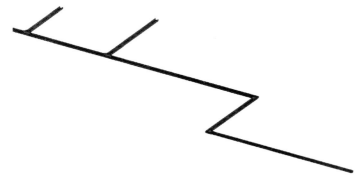

图 4-177　强电桥架三维图

4.添加配电箱

4.22
电器构件
的放置

配电箱的添加比较简单，载入设备族【BM_照明配电箱】，单击【系统】选项卡下【电气】面板上的【电气设备】命令，选择【BM_照明配电箱】，选择相应的类型，设置相应的标高后单击放置即可，如图 4-178 所示。

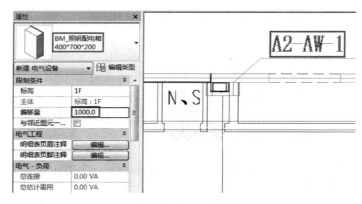

图 4-178　添加配电箱

图中，【A2-AW-1】、【A2-AW-2】和【A2-AW-3】配电箱类型选择【400×700×200】，【偏移量】设置为【1000】。其余配电箱类型均选择【700×1500×300】，【偏移量】设置为【0】，如图 4-179 所示。

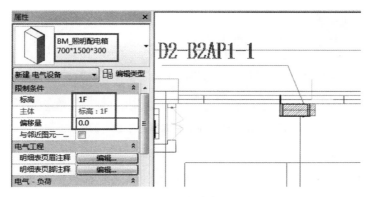

图 4-179　配电箱参数设置

配电箱全部放置完成之后如图 4-180 所示。

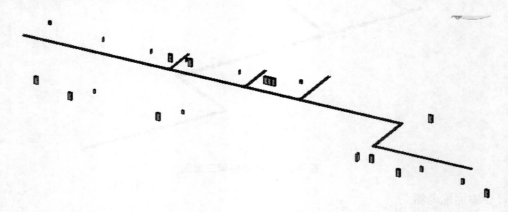

图 4-180 强电桥架与配电箱三维图

4.5.2 弱电系统的绘制

1. 导入 CAD 底图

在项目浏览器中选择【电气-建模-弱电】双击进入【楼层平面 1F】平面视图，单击【插入】选项卡下【导入】面板中的【导入 CAD】，单击打开【导入 CAD 格式】对话框，从【地下车库 CAD】中选择【地下车库弱电干线平面图】DWG 文件，具体设置如图 4-181 所示。导入之后将【地下车库弱电干线平面图】与轴网对齐锁定。

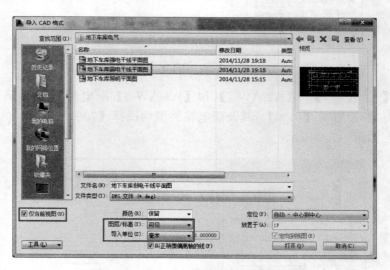

图 4-181 导入地下车库弱电干线平面图

2. 绘制弱电桥架

打开视图 1F 的可见性设置对话框，在【导入的类别】面板下取消勾选【地下车库强电干线平面图】，如图 4-182 所示。在【过滤器】面板下取消勾选过滤器【金属防火线槽-

强电】，如图 4-183 所示。单击【确定】完成设置。

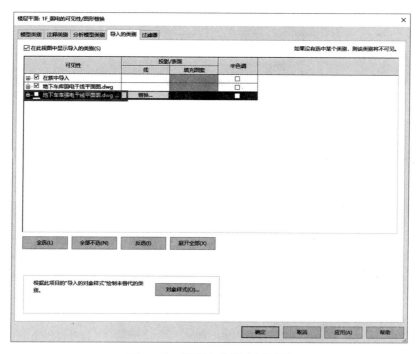

图 4-182　取消勾选强电平面图

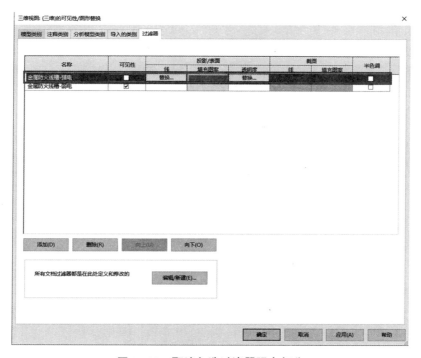

图 4-183　取消勾选过滤器强电部分

此地下车库弱电系统中，主要有两部分内容：弱电桥架和摄像机，首先绘制弱电桥架。弱电桥架的绘制方法与强电桥架相同，按如图 4-184 所示进行设置，然后在绘图区域按照 CAD 图纸要求完成弱电桥架的绘制。

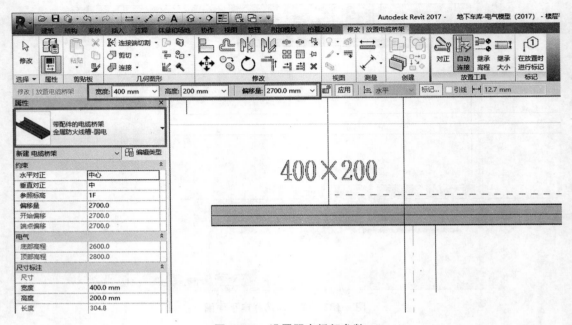

图 4-184　设置弱电桥架参数

3. 添加摄像机

接下来添加摄像机。载入设备族【BM＿墙上摄像机】，选择单击【系统】选项卡下【电气】面板上的【设备】下拉菜单，选择【安全】，如图 4-185 所示。选择【BM＿墙上摄像机】，【标高】设置为【2F】，【偏移量】设置为【－300】，如图 4-186 所示，单击绘图区域中摄像机的绘制完成摄像机的添加。

图 4-185　添加摄像机（一）

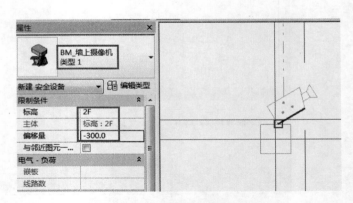

图 4-186　添加摄像机（二）

将视图切换到三维视图，可以看到刚刚绘制的弱电桥架仍然是系统默认的颜色。与强电桥架相同，通过过滤器给弱电桥架添加颜色，如图 4-187 所示，将弱电桥架设置为青色。设置完成之后单击【确定】，结果如图 4-188 所示。

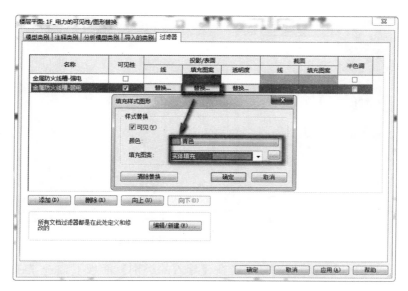

图 4-187 更改弱电颜色

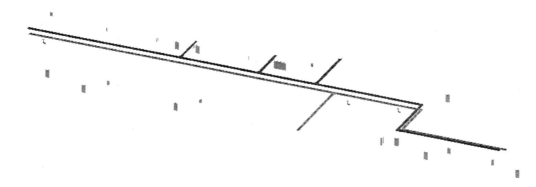

图 4-188 强电、弱电与配电箱三维视图

4.5.3 照明系统的绘制

1. 导入 CAD 底图

在项目浏览器中选择【电气-建模-照明】双击进入【1F _ 照明】平面视图，单击【插入】选项卡下【导入】面板中的【导入 CAD】，单击打开【导入 CAD 格式】对话框，从【地下车库 CAD】中选择【地下车库照明平面图】DWG 文件，具体设置如图 4-189 所示。导入之后将【地下车库照明平面图】与轴网对齐锁定。

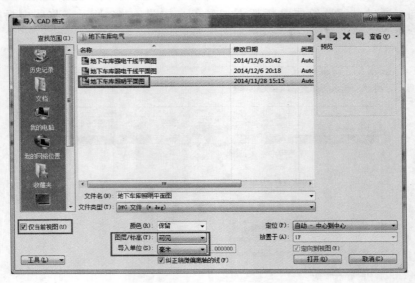

图 4-189　导入地下车库照明图

打开视图 1F 的可见性设置对话框，在【导入的类别】面板下勾选【在此视图中显示中导入的类别】，如图 4-190 所示。在【过滤器】面板下添加强电桥架和弱电桥架的过滤器并取消勾选其可见性，如图 4-191 所示。单击【确定】完成设置。

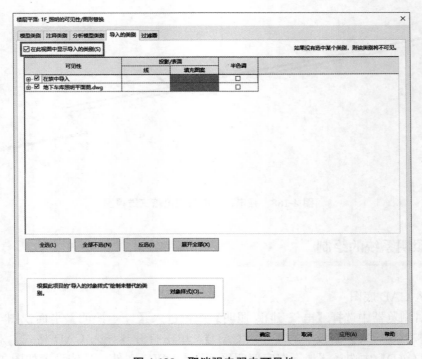

图 4-190　取消强电弱电可见性

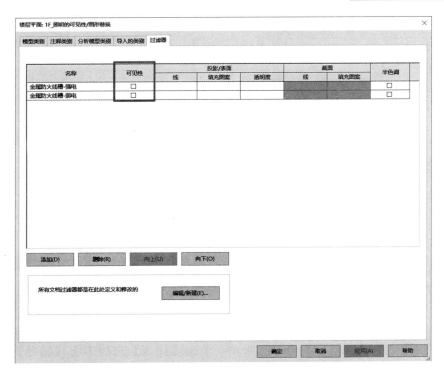

图 4-191　取消强电弱电过滤器

载入设备族【BM＿双管荧光灯＿带蓄电池】单击【系统】选项卡下【电气】面板上的【照明设备】命令，选择【BM＿双管荧光灯＿带蓄电池】，【偏移量】设置为【2200】，如图 4-192 所示。在绘图区域按照 CAD 所示荧光灯位置单击放置。

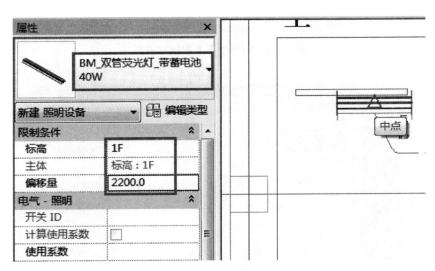

图 4-192　绘制双管荧光灯（一）

双管荧光灯的添加方法与上述带蓄电池的荧光灯方法相同，在照明设备中选择【BM＿双管荧光灯】，【偏移量】设置为【2200】，如图 4-193 所示，在绘图区域单击放置。

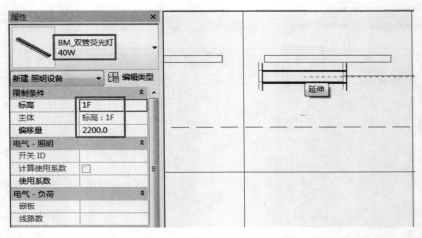

图 4-193　绘制双管荧光灯（二）

　　图中双管荧光灯个数比较多，但是排布很有规律，因此可以采用复制的方法，将部分双管荧光等整体复制，这样可以节约绘图时间。

　　壁灯是贴着墙面放置的，因此放置壁灯时需要有主体，此时需要将之前绘制的【地下车库-结构模型】链接进来。如图 4-194 所示，单击【插入】选项卡下【链接】面板上的【链接 Revit】命令，选择之前绘制的【地下车库-结构模型】，定位设置为【原点到原点】，如图 4-195 所示。

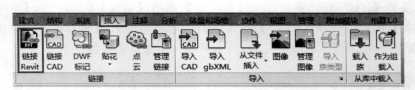

图 4-194　链接地下车库结构模型

图 4-195　导入地下车库-结构模型

同样，单击【系统】选项卡下【电气】面板上的【照明设备】命令，选择【BM＿壁灯】，【偏移量】设置为【2500】，如图 4-196 所示。在绘图区域按照 CAD 所示壁灯位置单击放置。

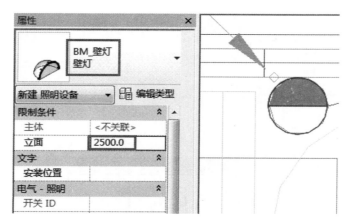

图 4-196　绘制壁灯（一）

防水防尘吸顶灯和带蓄电池的防水防尘吸顶灯设置分别如图 4-197、图 4-198 所示，然后在绘图区域按照 CAD 所示位置单击放置。

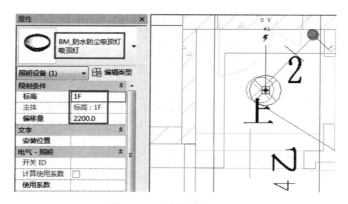

图 4-197　绘制壁灯（二）

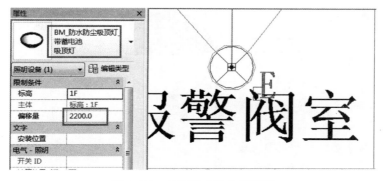

图 4-198　绘制防水防尘吸顶灯

2. 放置开关插座

单击【系统】选项卡下【电气】面板上的【设备】下拉菜单，选择【电气设备】，如图 4-199 所示。选择【BM_五孔插座】，【标高】设置为【1F】，【偏移量】设置为【500】，如图 4-200 所示，单击绘图区域中插座的绘制完成插座的添加。

图 4-199　添加插座（一）

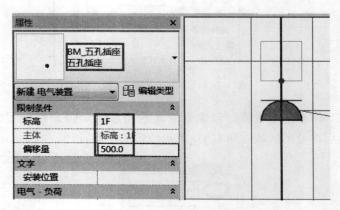

图 4-200　添加插座（二）

与壁灯相连的是双联单级开关，如图 4-201 所示。单击【系统】选项卡下【电气】面板上的【设备】下拉菜单，选择【电气设备】，然后选择【BM_双联单级开关】，贴墙放置。

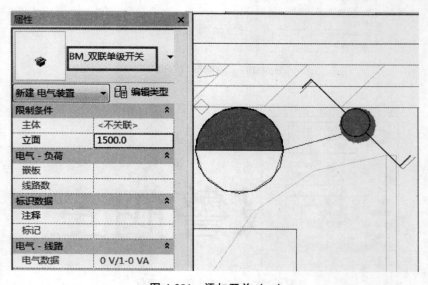

图 4-201　添加开关（一）

单级开关放置方式与双联单级开关相同，如图 4-202 所示。

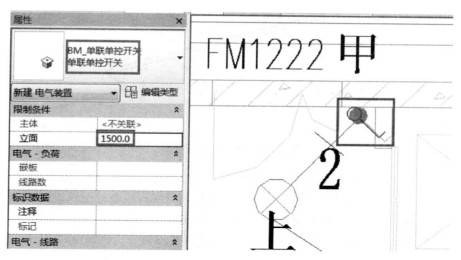

图 4-202　添加开关（二）

3. 放置疏散指示灯

单击【系统】选项卡下【电气】面板上的【设备】下拉菜单，选择【安全】，如图 4-203 所示。选择【BM _ 安全出口指示】，　【标高】设置为【1F】，　【偏移量】设置为【2200】，单击绘图区域中摄像机的绘制完成疏散指示灯的添加。

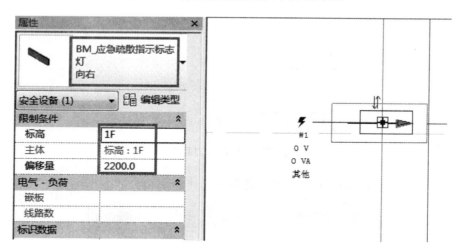

图 4-203　疏散指示灯绘制

电气模型完成后如图 4-204 所示。

4.5.4　电气专业系统分析与校核计算

电气分析及校核前，需要对项目进行相关设置：

- 项目准备：包括电气设置，视图设置，电气族的准备

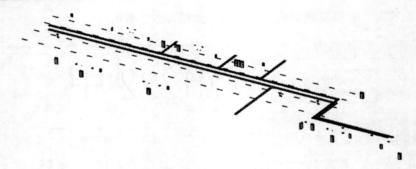

图 4-204　电气模型三维图

- 设备布置：在视图中布置插座及用电设备，收集暖通给水排水等动力条件
- 系统创建：在项目文件中创建"电力"线路，即实现设备的逻辑连接
- 导线布置：在生成的线路基础上，进行导线的连接和布置

完成了相关设置之后，就可以创建配电系统并对其进行分析校核了。

如图 4-205 所示，选择一个插座，在选项卡上单击【电力】，开始创建一个电力系统。

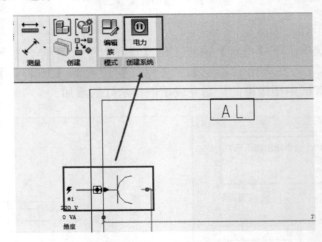

图 4-205　创建电力系统

在弹出的指定线路信息中，选择对应极数的电压，如图 4-206 所示。

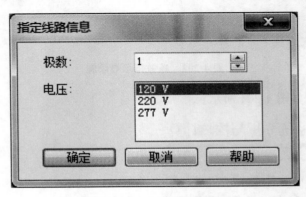

图 4-206　对应电压的选择

在电路编辑界面，选择"编辑线路"，如图 4-207 所示。

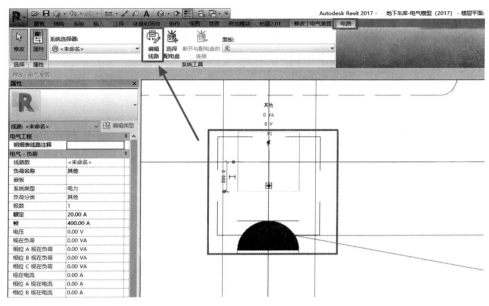

图 4-207　电路编辑

单击"添加到线路"，将需要添加到此电路的插座等构件添加到此电路中，如图 4-208 所示。

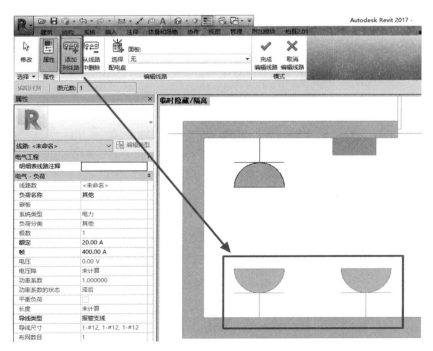

图 4-208　电路上添加构件

最后选择配电盘（也就是配电箱等配电设备），如图 4-209 所示，完成此配电系统的创建。

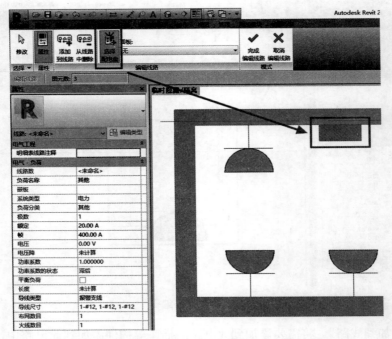

图 4-209　添加配电盘

完成后系统会根据配电箱及相应插座的位置，自动匹配导线路径，如图 4-210 所示。当然，如果觉得此路径不合理，可以重新编辑。

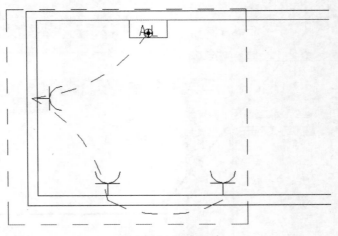

图 4-210　配电系统

完成后，打开系统浏览器，在电气系统中就可以看到我们刚刚创建的系统，如图 4-211 所示。

选择配电系统中的配电箱，在配电箱的实例属性中就可以查看回路的安装容量，及属性"总连接",或通过系统浏览器查看电路的"负荷",得到该电路中用电器的安装容量,如图 4-212 所示。

图 4-211　配电系统组成

图 4-212　配电系统属性

第 5 章　建筑设备 BIM 深化设计

5.1　深化设计

深化设计指的是施工单位根据建设单位提供的合同图纸、技术规格、标准图集、规范等要求性文件，并结合施工现场实际情况，对原设计图纸进行细化、补充和完善，进而形成满足现场施工及管理需求的施工图纸。深化设计在整个项目中处于衔接初步设计与现场施工的中间环节，通常可以分为两种情况。其一，深化设计由施工单位组织和负责，每一个项目部都有各自的深化设计团队；其二，施工单位将深化设计业务分包给专门的深化单位，由该单位进行专业的、综合性的深化设计及特色服务。这两种方式是目前国内较为普遍的运用模式，在各类项目的运用过程中各有特色。所以，施工单位的深化设计需根据项目特点和企业自身情况选择合理的组织方案。

传统的深化设计通常采取 CAD 外部参照，并辅助节点剖面图的设计模式，来表现各专业之间的位置关系，但这种设计模式并不能完全实现各专业间交叉碰撞、标高重叠等问题上的全面查找，还导致了时间与成本上的大量投入。随着 BIM 技术的高速发展，基于 BIM 的深化设计模式则是通过借助 BIM 所具有的可视化、模拟性及可出图性的特点，将各方资源进行有效的整合，实现各专业间的可视化沟通与协调、碰撞检查和调整等，进而将后期施工阶段可能遇到的众多问题，在深化设计阶段给予充分解决，避免后期施工过程中的拆改与返工现象的发生，极大地提高了深化设计的质量与效率。基于 BIM 的深化设计在日益大型化、复杂化的建筑项目中显露出相对于传统深化设计无可比拟的优越性。

5.1.1　建筑设备 BIM 深化设计应用流程

深化设计的类型可以分为专业性深化设计和综合性深化设计。专业性深化设计基于专业的 BIM 模型，主要涵盖土建结构、钢结构、幕墙、建筑设备各专业、精装修的深化设计等。综合性深化设计基于综合的 BIM 模型，主要对各个专业深化设计初步成果进行校核、集成、协调、修正及优化，并形成综合平面图和剖面图。建筑设备 BIM 应用流程见图 5-1，其中右侧虚线框内给出了建筑设备 BIM 深化设计应用的具体工作流程。

基于 BIM 的深化设计模式主要包含以下几个特点：可视化沟通与协调，根据所建立的各专业三维可视化模型，逐步进行深化设计，同步完成各专业的交叉、碰撞等问题的调整工作，有效地提高各方沟通与决策的效率；碰撞检查与调整，基于所建立的各专业综合深化设计模型，借助 BIM 设计软件的碰撞检查功能，查找碰撞点并输出碰撞报告，进行调整；工艺模拟与交底，深化设计完成后，可依靠 BIM 所具备的模拟性，针对各复杂节

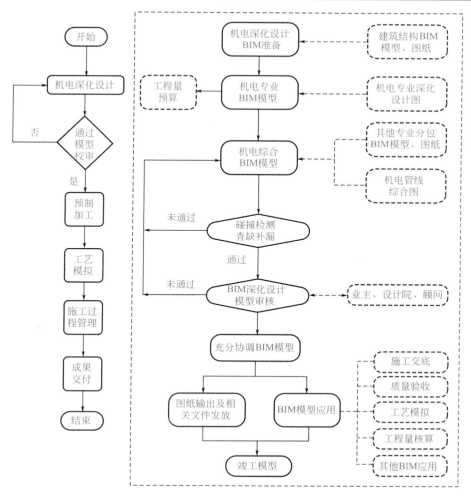

图 5-1　建筑设备 BIM 应用流程图

点和部位的施工方案与工序等，进行动态模拟与交底，指导现场施工；可出图性，BIM 深化设计的最终模型，能够自动生成平、立、剖面及大样图纸，可以最大限度地降低设计错误风险。

如图所示，建筑设备 BIM 技术应用大致可分为：深化设计、工艺模拟、进度管理、质量管理、工厂加工、造价管理等 BIM 应用。其中在建筑设备深化设计过程中，专业设计师利用各种三维建模软件，综合完成特性区域的所有管线综合深化任务，统一考虑各专业系统（建筑、结构、风、水、电气、消防等专业）的合理排布及优化，同时遵循设计、施工规范及施工要求，在此阶段完成管线综合模型、专业施工模型以及竣工模型的搭建。

5.1.2　建筑设备深化设计 BIM 应用

1. 深化设计应用准备阶段
首先应制定好建筑设备深化设计 BIM 应用具体的工作进度计划，按照管理方的要求，合理地配置团队成员，再开展深化设计工作；期间要收集完整的建筑、结构等专业设计图纸及 BIM 模型，掌握各建筑设备专业设备资料，明确安装方式、安装空间、维修空间、接口方式等，并与精装修单位深化协调，以便深化设计的正确布置，避免返工；同时充分了解场地施工设计规范，明确 BIM 模型标准及其他相关要求，根据项目需求完成软硬件配置。

2. 建筑设备各专业深化设计应用

此阶段包含两项内容：一个是通过 BIM 专业模型对建筑设备各专业工程量进行初步统计；另一个是初步了解建筑设备管线的布置及相应安装空间的情况。具体操作是根据设计院的建筑设备施工图，完善建筑设备专业系统设计，对设计表不明确或有遗漏的地方加以调整，并反映到深化设计专业 BIM 模型中。

3. 建筑设备综合深化设计应用

1）管线综合排布

借助 BIM 技术将传统二维平面设计方式转变为三维可视化的设计过程，对各机械设备及专业管线安装后的实际效果提前进行模拟，测试实际安装后是否满足系统调试、检测及维修空间的要求，分析、评估设备与管线布局的合理性，可以实现建筑设备安装工程施工前的"预拼装"。此外，借助 BIM 技术还能够快速查找各专业管线间的位置冲突、标高重叠等问题，并在施工前加以解决，从而达到控制成本、提高质量的目的。

2）综合支吊架设计

管线综合排布完成后，根据最终的 BIM 充分协调模型进行支吊架设计，可以实现 BIM 环境下的支吊架三维实体布置与安全复核相结合，准确确定支吊架安装位置，特别是对节点复杂、剖面无法剖切的部位，在 BIM 模型中都可以形象具体地进行展示。此外，对于多专业集中通过的管廊部位，在满足各专业规范要求及现场施工条件的基础上合理排布，充分采取综合支吊架的设计方式，达到节省空间、方便检修、美观整洁的目的。

3）墙体预留洞口设计

管线综合排布完成后，借助 BIM 平台开洞功能，自动完成墙体预留洞口的设计与定位，既保证预留洞口位置的准确，又确保预留洞口施工图纸提供的时效性，减少土建与建筑设备交叉等待时间，此外，还可以知道套管的加工、制作与安装，保证质量，节省工期。

5.1.3 施工工艺展示模拟 BIM 应用

施工工艺展示模拟是 BIM 的视觉化应用。主要内容是通过模型的创建，进行动画编辑，形成动态视频，再将原始文件按施工逻辑串联导出完整视频，以此来预先演示施工现场的现有条件、施工顺序、复杂工艺以及重难点解决方案。人员构架可见表 5-1。

工艺展示模拟人员构架 表 5-1

人员分配	工作内容
主负责	项目整体规划、人员架构安排、进度安排
协调	对外资料收发记录、对内文件档案管理、协调各专业之间文档传输及转换工作

续表

人员分配	工作内容
模型修改	为后期视频的制作模型分层、颜色设置或建设临时体量等工作
动画制作	将模型导入到动画制作软件，进行动作制作并导出视频
剪辑	将导出原始视频以及项目相关资料进行细化工作，书写视频脚本流程，对动画进行剪辑，运用 PS 软件对渲染照片进行修改

　　施工工艺模拟在工程施工阶段扮演的角色是可视化以及交互性。让参与方可以统一在同一个平台同一个构思里面讨论问题，不会出现思维的误差而耽误会议的进展。同时也协助项目管理者管理现场的施工进度控制、施工质量控制，达到节约成本，减少工期的目的。

　　在施工工艺模拟 BIM 应用中，可基于施工组织模型和施工图创建施工工艺模型，并将施工工艺信息与模型关联，输出资源配置计划、施工进度计划等，指导模型创建、视频制作、文档编制和方案交底。基于 BIM 综合模型，对于施工工艺进行三维可视化的模拟展示或探讨验证。工艺模拟工作流程如图 5-2 所示。

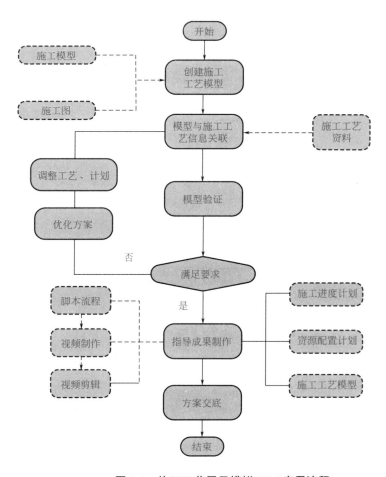

图 5-2　施工工艺展示模拟 BIM 应用流程

施工工艺展示模拟 BIM 通常包含两项内容：

1）大型设备运输及复杂构件安装模拟

大型设备运输及复杂构件安装模拟时需综合分析柱、梁、板、墙、障碍物等因素，优化大型设备及构件进场时间点、吊装运输路径和预留孔洞等，通过 BIM 技术进行可视化展示或施工交底。

2）重、难点施工方案及复杂节点施工工艺模拟

重、难点施工方案及复杂节点施工工艺模拟时需优化节点各构件尺寸、各构件之间的连接方式和空间要求，以及节点施工顺序，通过 BIM 技术进行可视化展示或施工交底。

5.2 BIM 辅助管线综合

为了合理布置各专业管线，最大限度地增加建筑使用空间，并减少由于管线冲突造成的二次施工，宜采用 BIM 辅助管线综合的方式。具体流程如图 5-3 所示，首先要

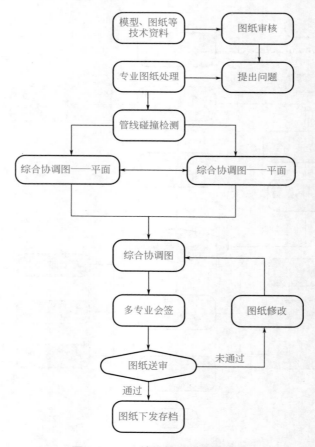

图 5-3 BIM 辅助管线综合流程图

处理剔除建筑、结构不需要的信息，再利用 BIM 软件进行各专业建筑设备管线综合深化设计，同时要求设计人员在综合管线深化设计过程中，随时调整各专业管线的布置及满足各技术规范要求，最后经送审会审各专业图纸及模型确认后，将图纸下发并存档。

1. 管线综合排布的主要内容包括：

1）综合协调机房及各楼层平面区域或吊顶内各专业的路由，确保在有效的空间内合理布置各专业的管线，保证吊顶的高度，同时确保建筑设备各专业有序施工。

2）综合排布机房及楼层平面区域内建筑设备各专业管线，协调建筑设备与土建、精装修专业的施工冲突，弥补原设计不足，减少因此造成的各种损失。

3）综合协调竖向管井的管线布置，使管线的安装工作顺利地完成，并能保证有足够多的空间完成各种管线的检修和更换工作。

2. 管线综合排布的原则要求：

1）满足深化设计施工规范

建筑设备管线综合不能违背各专业系统设计原意，保证各系统使用功能。同时，应满足业主对建筑空间的要求，满足建筑本身的使用功能要求。对于特殊建筑形式或特殊结构形式（如屋面钢结构桁架区域），还应该与专业设计沟通，对双方专业的特殊要求进行协调，保证双方的使用功能不受影响。

2）合理利用空间

建筑设备管线的布置应该在满足使用功能、路径合理、方便施工的原则下尽可能集中布置，系统主管线集中布置在公共区域（如走廊等）。

3）满足施工和维护空间需求

充分考虑系统调试、检修和维修的要求，合理确定各种设备、管线、阀门和开关灯的位置和距离，避免软碰撞。

4）满足装饰需求

建筑设备综合管线布置应充分考虑建筑设备系统安装后能满足各区域的净空要求，无吊顶区域管线排布整齐、合理、美观。

5）保证结构安全

建筑设备管线需要穿梁、穿一次结构墙体时，需充分与结构设计师沟通，绝对保障结构安全。

5.2.1　碰撞检查

在建筑工程中，建筑物内的建筑设备管道错综复杂，依据初始设计图纸建立的模型难免出现各种碰撞、交叉、重合等问题，此时需要通过软件的碰撞检查功能，将模型中的碰撞位置查找出来，利用专业知识判断哪些碰撞是重要的、必须要优先规避的，接着通过与业主方、设计方进行沟通修改，不断深化图纸与模型，最终达成方便施工且满足设计要求最优的状态。

5.1
碰撞检查

要求基于综合模型进行碰撞检查，明确相关技术规范，通过碰撞检查结果及时协调并进行管线调整。具体工作内容，首先在综合模型中检查管线之间是否符合综合原则，

建筑设备 BIM 技术应用

然后再对（保温、操作空间、检修空间等）进行软硬碰撞检测，检查是否符合相关技术规格。

其中用户可以通过 Revit MEP 软件自带的碰撞检查功能来查找和调整有碰撞的构件，具体实施步骤如下：

1）打开需要查找碰撞的模型文件，选择所需进行碰撞检查的图元，切换至【协作】选项卡，选择【坐标】功能区的【碰撞检查】，点开下拉列表，单击【运行碰撞检查】，这样会弹出"碰撞检查"对话框，如图 5-4 所示。

图 5-4　运行碰撞检查

2）在"碰撞检查"对话框中设置参与检查的项目及构件类型，如图 5-5 所示。

再分别从左侧的"类别来自"和右侧的"类别来自"选择下拉列表的一项，这一项既可以是"当前项目"，也可以是"Revit 链接模型"。但是需要注意无法检查两个"Revit 链接模型"之间的碰撞，当其中一个"类别来自"选定了"Revit 链接模型"，那么另一个"类别来自"无法再选择其他的"Revit 链接模型"。

图 5-5　参与碰撞检查的项目构件选择

3）勾选"碰撞检查"对话框所需检查的图元类别，单击下方的"确定"按钮。

假如没有检查出碰撞，则会出现如图 5-6 所示的"未检测到冲突"对话框；假如检查出了碰撞，则会出现如图 5-7 所示的"冲突报告"对话框，通过点击左下角的"显示"按钮即可在模型中定位碰撞位置，通过点击左下角的"导出"按钮即可保存生成格式为 html 的碰撞报告文件，双击打开报告文件，如图 5-8 所示。

5.2
快速选择
ID构件

128

图 5-6　未检测到冲突

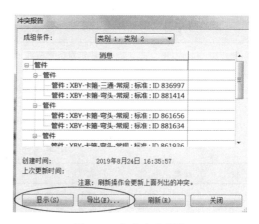

图 5-7　生成冲突报告

	A	B
1	管件：XBY-卡箍-三通-常规：标准：ID 836997	管件：XBY-卡箍-弯头-常规：标准：ID 881414
2	管件：XBY-卡箍-弯头-常规：标准：ID 861656	管件：XBY-卡箍-弯头-常规：标准：ID 881634
3	管件：XBY-卡箍-弯头-常规：标准：ID 861936	管件：XBY-卡箍-弯头-常规：标准：ID 881706
4	管件：XBY-卡箍-弯头-常规：标准：ID 861958	管件：XBY-卡箍-弯头-常规：标准：ID 881796
5	管件：XBY-卡箍-弯头-常规：标准：ID 872335	管件：XBY-卡箍-弯头-常规：标准：ID 873053
6	管件：XBY-卡箍-弯头-常规：标准：ID 872588	管件：XBY-卡箍-弯头-常规：标准：ID 872602
7	管件：XBY-卡箍-弯头-常规：标准：ID 873148	管件：XBY-卡箍-弯头-常规：标准：ID 874460
8	管件：XBY-卡箍-弯头-常规：标准：ID 879582	管件：XBY-卡箍-弯头-常规：标准：ID 879588
9	管件：XBY-卡箍-弯头-常规：标准：ID 881698	管件：XBY-卡箍-弯头-常规：标准：ID 881710

图 5-8　导出的碰撞报告文件

5.2.1.1　机电与机电专业碰撞检查

机电与机电专业碰撞检查原则　　　　　　　　　　表 5-2

管道名称	具体内容
水管（喷淋、消火栓、生活给水、雨水、排水……）	管道系统的完整性，管道信息标注的正确性，平面图与系统图的一致性（管道标号相对应），管道排布的合理性（不能平行位于桥架正上方，不能穿越风井、不能进入电气用房），翻弯时尽量保持上翻（避免产生积水、存渣），暖通水管贴梁底布置时，需考虑预留保温厚度
风管（送风、回风、排风、新风、防排烟、厨房油烟、预留风管……）	管道系统的完整性，管道信息标注的正确性，平面图与系统图的一致性（管道标号相对应）注意风口位置（下送、侧送），不能遮挡风口，避免将高低压配电房的风管放置电气设备的正上方，保持风机房平面图与大样图相符针对净高不够的情况，通常对风管进行压扁处理
电缆桥架（强电桥架、消防桥架、通信桥架、母线槽……）	管道系统的完整性，管道信息标注的正确性桥架翻弯尽量采用 45°斜角弯母线槽尽量不要翻弯（弯头定制成本高），保证强电桥架不能进入弱电间，避免电磁效应布置多层桥架，保持桥架之间净间距在 250mm 以上强电弱电桥架间距不小于 300mm，同种桥架间距控制在 50～100mm 内

管道名称	具体内容
其他	建筑设备管线经过架空、悬挑、跨层等区域是否合理,是否有建筑设备管线经过玻璃雨棚、天窗、中庭等用于观景或采光区域,是否存在立管末沿墙或柱安装后场通道等,管线密集处是否考虑预留检修空间

5.2.1.2 机电与土建专业碰撞检查

机电与土建专业碰撞检查原则   表 5-3

核查类型	具体内容
留洞核查	机电管线穿剪力墙,楼板是否留洞(风管、风口、水管、电缆桥架……)、留洞位置、尺寸是否满足要求,梁上留洞是否满足规范要求
管井核查	管井内是否有梁(通常情况下管井内不会有梁),梁是否会与机电管线冲突(主要考虑立管穿梁情况)桥架、母线槽、水管在管井内会贴墙安装,注意此墙是否贴梁边沿,避免出现管线避梁翻弯情况
净高核查	坡道、设备运输通道是否满足净高要求,管线密集处是否满足净高要求,大管线经过区域时是否满足净高要求,重力排水管道经过区域是否满足净高要求,建筑设备管线经过楼梯间是否能满足净高要求
防火卷帘核查	梁下、柱帽下净高是否满足卷帘安装高度要求,是否存在梁下与卷帘之间预留管线安装空间不足情况,是否存在防火卷帘高度不满足净高要求,是否存在建筑设备管线设计在卷帘里面的情况
门高核查	是否存在门高超出层高、坡道下门高超出坡道下净高情况,是否存在电梯门高超出层高、预留电梯门洞净高不足情况,梁下、柱帽下净高是否满足门安装高度要求,是否存在梁下与门之间预留管线安装空间不足情况
风井吊板、双层板核查	吊板预留空间是否满足风管尺寸要求,双层板预留空间是否满足风管尺寸要求,双层板下方管线综合排布以后是否满足净高要求,风管穿吊板、双层板是否留洞,暖通、结构、建筑三专业图纸是否都有标注且标注一致
空调机位吊板	空调机位吊板位置设置是否合理,建筑设备管线穿空调机位吊板是否留洞

5.2.2 管线布置与优化

1. 管线综合排布优化

为了检查空间是否满足要求(安装、维修、规范、安全)、明确专业管线的布置要求、确定施工顺序以及利用可视化特点进行管线协调,有必要对建筑设备管线进行综合布置,具体的效果要求如下:

1)在保证满足设计和使用功能的前提下,管道、管线尽量安装于管道井、电井内、管廊内、吊顶内。要求明装的尽可能地将管线沿墙、梁、柱走向敷设,最好是成排、分层敷设内置,从而达到管线多而不乱、排布错落有序、层次分明、走向合理、管线交叉处理得当、安装美观的要求。

2)正确、合理设置支吊架,尽量使用共用支吊架,保证管道支吊架的规范间距,降低工程成本。

3）施工管理人员对工程的整体情况做到心中有数，特别是分包单位施工项目严格按照统一的综合排布详图、节点图施工，工序组织合理穿插。

4）与结构、装饰工程进行充分的协调，使预留、预埋及时、准确、避免二次剔凿，避免末端设备与装饰工程出现不协调的问题。

管线综合布置的重点是屋面和楼层走廊吊顶。这是因为在进行屋面的管线综合布置时，除管线本身的布置以外，还必须与土建专业进行协调，以保证管线的支架高度必须满足屋面防水细部构造的泛水高度的规定，屋面设备的基础施工应随结构层施工一同进行，保证基础的牢固与泛水高度达到要求；走廊吊顶内部是管线布置最集中的位置，对楼层走廊吊顶内管线的综合布置不但要合理确定各专业管线的标高、位置，使各专业管线具有合理的空间，同时还应对各专业的施工顺序进行确定，从而使各专业工序交叉施工具有合理的时间。

综合管线涉及各专业管线在水平及标高上的布置，要充分考虑管道安装空间，检修空间的预留预埋和安装汇总的安全因素。主要的避让原则包括：有压力让无压力、小管让大管、简单让复杂、冷凝水让热水、附件少的管线让附件多的管线、分支让主管、非保温让保温、低压让高压、气管让水管、金属管让非金属管、给水让排水、检修难度小的管线让检修难度大的管线、常态让易燃易爆。

管线综合优化指的是在模型文件中，将同一个建筑空间内各专业管线、设备进行整合汇总，并根据不同专业管线的功能要求、施工安装要求、运营维护要求，结合建筑结构设计和室内装修设计的限制条件，对管线与设备布置进行统筹协调的过程。优化后，管线和设备的整体布局有序、合理、美观，能够大限度地提高和满足建筑使用空间。下表给出一些重点及难点部位管线的处理方法。

重难点部位解决方法 表 5-4

部位	重点及难点	解决办法
管线密集的吊顶区域管线综合（如走廊区域等）	(1)管线合理综合布置； (2)无压管道（如冷凝水、卫生排水管等）合理布置及坡度要求； (3)灯具和设备支吊架位置； (4)检修口设置； (5)建筑设备管线安装净空间须满足吊顶高度控制要求	(1)根据管线综合的原则，借助 BIM 可视化效果，合理布置各专业管线。 (2)优化无压管道的走向，积极与装修单位的沟通，有压管道避让无压管道。 (3)在 BIM 模型中合理设置设备灯具的支吊架，解决与其他管线的碰撞问题。 (4)合理设置检修口，管线避让，在满足检修口设备维修的前提下尽量满足装修要求。 (5)合理布置建筑设备管线，在 BIM 模型中模拟吊顶位置，如不满足条件，与设计协调部分管线穿梁或移至其他区域布置等，满足吊顶标高控制要求
管线密集的非吊顶区域管线综合（如地下车库机房出口管线密集处）	(1)管线合理综合布置； (2)观感要求； (3)长距离输送管线的变形控制； (4)非吊顶区域净高控制要求	(1)根据管线综合的原则，借助 BIM 的可视化效果，合理布置各专业管线。 (2)设置统综合支吊架，各专业管线集中布置，在 BIM 模型中验证观感效果。 (3)与设计沟通，通过校核计算合理设置膨胀节、固定支架等。 (4)合理布置建筑设备管线，如不满足条件，与设计协调部分管线修改路径，满足净高控制要求

部位	重点及难点	解决办法
设备机房(如空调机房)	(1)设备、管线综合布置; (2)维修空间预留; (3)噪声控制; (4)设备运输路线规划; (5)观感要求	(1)向生产厂家了解各设备的维修所需空间位置及尺寸。 (2)委托专业厂家对设备机房噪声控制方案进行深化设计。 (3)绘制设备运输路线图,提出建筑、结构等专业配合要求。 (4)绘制三维效果展示图及安装大样图,各专业管线进行统一规划
管井	(1)空间狭小管线密集; (2)设备、管线综合布置; (3)支架设置; (4)维修空间预留	(1)通过 BIM 设计建模,优化设备安装位置,确定施工次序。 (2)合理布置。 (3)在 BIM 模型中设置管道支吊架,验证合理性,并对管井空间进行三维模拟验证
公共区域	管线综合布置共同注意事项	(1)要注意建筑标高及结构标高间的差别,不同区域标高的差别,混凝土结构梁的厚度,柱子大小,钢梁大小等。 (2)要注意保温层的厚度;管线、梁、壁等的相互间安装要求;还应考虑管道的坡度要求等。不同专业管线间距离,尽量满足施工规范要求。 (3)管线布置时,整个管线的布置过程中考虑到以后灯具、烟感探头、喷洒头等的安装空间,电气桥架放线的操作空间及以后设备阀门等维修空间,电缆布置的弯曲半径的要求等

2.交叉处理原则

管道施工与既有管道交叉时,应严格按照设计要求进行,若无设计要求时,可参考管道交叉处理原则:排水管道施工时若与其他管道交叉,采用的处理方法需征得权属单位和其他单位同意;管道交叉处理中应当尽量保证满足其最小净距,且有压管道让无压管、支管避让干线管、小口径管避让大口径管。

在施工排水管道时,为了保证下面的管道安全又便于检修、上面的管道不致下沉破坏,应采取必要的管道交叉处理方法。

1)混凝土或钢筋混凝土排水圆管在下,铸铁管、钢管在上。上面管道已建,进行下面排水圆管施工时,采用在槽底砌砖墩的处理方法。上下管道同时施工时,且当钢管或铸铁管道的内径小于 400mm 时,宜在混凝土管道两侧砌筑砖墩支承。

2)混凝土或钢筋混凝土排水圆管(直径<600mm)在下,铸铁管,钢管在上,高程有冲突,必须压低下面排水圆管断面时,将下面排水圆管改为双排铸铁管、加固管或方沟。

3)混合结构或钢筋混凝土矩形管渠与其上方钢管道或铸铁管道交叉,当顶板至其下方管道底部的净空在 70mm 及以上时,可在侧墙上砌筑砖墩支承管道。当顶板至其下方管道底部的净空小于 70mm 时,可在顶板与管道之间采用低强度等级的水泥砂浆或细石混凝土填实,其荷载不应超过顶板的允许承载力,且其支撑角不应小于 90°。

4)圆形或矩形排水管道在上,铸铁管、钢管在下,上下管道同时施工时,在铸铁管、钢管外加套管或管廊。

5)排水管道在上,铸铁管、钢管在下,埋深较大挖到槽底有困难,进行上面排水管道施工时，上面排水管道基础在跨越下面管道的原开槽断面处加强。

6）当排水管道与其上方电缆管块交叉时，宜在电缆管块基础以下的沟槽中回填低强度等级的混凝土、石灰土或砌砖。排水管道与电缆管块同时施工时，可在回填材料上铺一层中砂或粗砂。电缆管块已建时，回填至电缆管块基础底部的材料为低强度等级的混凝土，回填材料与电缆管块基础间不得有空隙。

7）一条排水管道在下，另一排水管道或热力管沟在上，上下管道同时施工（或上面已建，进行下面排水管道施工）时，下面排水管道强度加大，满槽砌砖或回填 C8 混凝土、填砂。

8）排水方沟在下，另一排水管道或热力方沟在上，高程冲突，上下管道同时施工时，增强上面管道基础，位于下面排水方沟的顶板或根据情况，压扁排水方沟断面，但不应减小过水断面。

9）预应力混凝土管与已建热力管沟高程冲突，必须从其下面穿过施工时，先用钢管或钢筋混凝土套管过热力沟，再穿钢管代替预应力混凝土管。

10）预应力混凝土管在上，其他管道在下，上面管道已建，进行下面管道施工时，一般在下面槽底或方沟盖板上砌支墩。

⏩ 第6章 各专业 BIM 协同应用与信息管理

基于 BIM 的设计协同，简称 BIM 协同，指的是利用软件工具与环境，以 BIM 数据交换为核心的设计协作方式。通常可将这种协同工作分为基于数据的设计协同和基于流程的管理协同，此章节只着重介绍前一种协同方式。

对于设计企业而言，BIM 协同的目的是让 BIM 数据信息在设计不同阶段、不同专业之间尽可能完整准确地传递与交互，从而更好地达到设计效果，提高设计质量。基于 BIM 的设计协同工作分为：设计阶段不同时期的 BIM 协同、同一时期不同专业间的 BIM 协同，以及同一时期同一专业的 BIM 协同。

BIM 协同需要在一定的网络环境下实现项目参与者对 BIM 模型、CAD 图纸等的实时或定时操作。然而 BIM 模型文件较大，对网络质量要求较高，鉴于目前互联网带宽所限，难以实现异地实时协同的操作。目前的解决方法是，采用在一定间隔内同步异地中央数据服务器的数据，实现定时节点式的设计协同，例如在局域网内或局域网间设计协同。

6.1.1 BIM 协同方法

目前，项目中常用的 BIM 协同方法主要有"中心文件方式"、"文件链接方式"和"文件集成方式"。其中"中心文件方式"是最为理想的协同工作方式，能够允许多人同时编辑相同模型，但此方式在软件实现上过于复杂，要求软硬件具备处理大数据量的高性能，并且还要求设计团队具备高标准的整体协同能力，所以通常仅在同专业团队中采用；"文件链接方式"是最为常用的协同工作方式，链接的模型文件只能读而不能改，同一模型只能被一人打开并编辑；"文件集成方式"经常用在超大型项目或是多种格式模型数据的整改上，好处是轻量级数据便于集成，并且支持同时整合多种不同格式的模型数据，但是一般的集成工具并不提供数据的编辑功能，只能返回原始的模型文件中进行修改。

1. 中心文件方式

根据各专业的参与人员及专业性质确定权限，划分工作范围，各自独立完成工作，将成果汇总至中心文件，同时在各成员处有一个中心文件的实时镜像，可查看同伴的工作进度。这种多专业共用模型的方式对模型集中储存，数据交换的及时性强，但对服务器配置要求较高。

该方式仅适用于相关设计人员使用同一个软件进行设计的情况，由于采用中心文件方式时，设计人员共用一个模型文件，项目规格和模型文件的大小是使用该方式时需要谨慎考虑的问题。采用"中心文件方式"包含以下几个步骤：

1）启用工作集功能（由项目经理或专业负责人完成）；

2）使用工作集（专业设计师签出自己的工作集编辑权限）；

3）工作集管理（显示历史记录、备份、从中心分离与放弃工作集等）；

4）保存工作集。

2. 文件链接方式

"文件链接方式"又称外部参照，相对简单、方便，使用者可以依据需要随时加载模型文件，各专业之间的调整相对独立，尤其是对于大型模型在协同工作时，性能表现较好，特别是在软件的操作相应上。但是数据相对分散，协作的实效性稍差。该方式适用于大型项目、不同专业间或设计人员使用不同软件进行设计的情形。采用"文件连接方式"的主要操作步骤包括：

1）确定项目基点和定位方式；

2）链接模型；

3）检查平面、立面定位。

3. 文件集成方式

"文件集成方式"要求采用专用的集成工具，将不同的模型数据都转成集成工具的格式，之后利用集成工具进行模型整合。AutodeskNavisWorks、Bentley Navigator、Tekla BIMsignt 等工具，都可以用于整合多种软件格式设计数据，形成统一集成的项目模型。

例如 NavisWorks 可支持整合 DWG、DWF、DXF、DGN、SKP 等多种数据格式，可将整合模型用于可视化的浏览、漫游，添加查阅后的标记、注释等，直观地在浏览中发现设计中的不合理之处。同时，提供"冲突检测"功能，对不同专业的模型或不同区域的模型进行综合检查，提前解决施工图中的错漏碰缺问题。具体操作步骤如下：

1）设置冲突检测的范围；

2）建立冲突检测的规则；

3）建立冲突检测的对象；

4）输出检测成果。

6.1.2　专业内 BIM 协同

专业内的 BIM 协同主要考虑的是一个专业的团队如何配合完成一个设计项目，传统的 CAD 方式可能是按图纸的产生来分工，而 BIM 方式，更多地考虑项目的整体性，一般会按表皮、核心、受力体系、功能体系等系统来划分工作。

通常情况单一专业团队的协同采用"中心文件方式"。考虑到项目规模、项目复杂度、小组成员人数角色、传统设计分工方式、构件之间的关系等因素，专业负责人根据团队参与人员及项目系统确定权限，建立本专业的中心文件，划分工作界面，专业人员各自工作，将成果汇总至中心文件，同时成员可通过中心文件的实时镜像查看同伴的工作进度。

对于这种采用"中心文件方式"的专业内 BIM 协同，工作期间需遵守相关规定：项目负责人或指派专人，负责管理中心文件；为团队成员合理安排工作范围，尽量减少交叉干涉；设置合理的权限；建立畅通的沟通机制；团队成员定期保存本地文件；团队成员应按预先分配的时间段，用于与中心文件同步，避免设备在多台用户同时保存时死机；合理地保存或释放对象，一般建议将不使用的元素和数据全部释放，以便其他团队成员的访问。

6.1.3 专业间 BIM 协同

传统二维绘图的协同工作模式中，通常以各专业间周期性、节点性提资的方式来进行，并且更多地通过 CAD 文件的外部参照来达到各专业的可视化共享，但这种二维的协同模式往往存在专业间数据交换不充分、理解不完整等问题。可视化的 BIM 技术，能够实现更高意义上的协同设计，而协同本就是 BIM 技术的核心要素，依据统一的项目模型与构件数据，各专业间不仅共享数据，还能从不同的专业角度操作该数据，或参照，或细化，或提取。

为了达到真正意义上的协同设计标准，需要各专业设计人员均具备三维设计的能力，同时确保采用统一的数据格式，以及遵守统一的协同设计标准。项目内各专业团队成为高度协调的整体，在项目设计过程中随时发现并及时解决与专业内其他成员或与其他专业间的冲突。BIM 协同的实现需要团队能力的提升以及软件工具的完善，应该是由浅入深、逐步推进的。各专业协同方式选择是多种多样的，比如各专业先形成各自的中心文件，最终以链接或集成各专业中心文件的方式形成最终完整的模型；或是其中某些专业间采用中心文件协同，再与其他专业以链接或集成的方式协同等。不同类型的项目，团队 BIM 协同应用模式也不尽相同，一般可分为以下两种情况。

1. 阶段性定时协同模式

对于阶段性定时协同模式，项目团队在阶段性设计工作基本完成后，通过对各专业 BIM 模型的链接和集成，进行阶段性总体综合协调工作，以达到更高的设计质量。这种模式对协同的要求不高，各专业之间一般都采用文件链接或文件集成方式进行专业协调，各专业可将其他专业的模型文件链接到本专业中进行检查，也可以采用多专业集成工具，将不同的专业模型都转成集成工具的格式，之后利用多专业集成工具进行协调检查。由于这种协调大多是阶段性的，所以模型尽量拆分到足够小的级别，便于不同区域、不同专业的整合。

2. 设计过程连续协同模式

该协同模式要求各专业都能具备三维设计的能力，项目各专业团队高度协调，在项目设计过程中随时发现并及时解决与专业内其他成员或其他专业之间的冲突。为实现设计过程的专业协同，各专业需基于统一格式的 BIM 模型数据，以实现实时的数据共享。这种模式下，一般会采用"中心文件方式"或"文件链接方式"进行协同。各专业可分别建立本专业自己的 BIM 模型，根据需要链接其他专业的模型。各专业在自己的模型中进行标记提资，接收资料的专业通过链接更新可以查看到提资的内容。最终以链接各专业模型的方式形成全专业完整模型。

对于设计阶段，建筑专业和结构专业通常可共用一个 BIM 模型，专业间采用"中心文件方式"进行协同。先是由建筑专业按项目要求和大小划分好 BIM 模型的文件结构，根据建筑功能要求，首先初步定出竖向构件的布置，确定建筑平面图；结构专业再根据建筑平面布置梁板，计算楼面荷载、墙荷载等并进行建模计算，在计算的过程中进一步优化和调整竖向构件截面大小以及梁的尺寸，同时要注意结构构件与建筑构件的衔接处理；建筑设备专业与建筑、结构专业的模型是链接关系，建筑设备专业应遵循建筑模型功能区域的拆分方式，专业内共用一个 BIM 模型，并采用"中心文件方式"进行协同，对于复杂的项目，也可以在建立建筑设备各专业 BIM 模型后再互相链接。

　　BIM 项目协同过程中，各专业间应注重协调配合，尽量满足其他专业对本专业的协同要求。土建模型宜给出土建专业的基本信息，包括标高、空间大小、相关建筑构件属性等；建筑设备专业应在土建模型基础上提出所需条件，包括机房大小、荷载、开洞等；同时土建专业也应根据建筑设备专业模型，熟悉大型设备、管线的方位，并调整自身模型，以满足建筑设备专业需求。

6.2　利用 BIM 模型进行管道系统运行工况参数信息录入方法

　　项目中没有表达管道系统是否运行正常的参数，这时候我们可以通过项目参数功能增加一个这样的参数用以记录管道系统运行工况的情况。管道系统运行正常时该参数值显示为正常，并且可以及时过滤掉不正常的系统。

　　需要说明的是，项目参数是定义后添加到项目的参数。项目参数仅应用于当前项目，不出现在标记中，但是可以应用于明细表的字段选择。

　　下面举例说明项目参数的添加及信息录入方法。

　　单击功能区中"管理"→"项目参数"，在"项目参数"对话框中，单击"添加"，如图 6-1 所示。

　　在弹出的参数属性对话框中，选择需要添加的参数的属性，如图 6-2 所示，参数名称：系统工况；规程：公共；参数类型：文字；参数分组方式：常规；类别选择"管道系统"。

图 6-1　项目参数添加

　　注意：规程与参数类型确定之后便不能修改，参数名称与参数分组方式可以再次修改。

　　这时候我们就已经给每一个管道系统添加了文字参数"运行工况"了，那如何给参数附值呢？

　　首先选择一个管道系统，在管道系统的实例属性中就可以看到我们添加的参数"系统工况"，这个时候可以直接输入值，如正常或不正常。如图 6-3 所示。

　　选择系统的方法：选择一根管道，在功能区会出现一个"管道系统"的面板，单击管道系统，则切换到此系统属性。如图 6-4 所示。

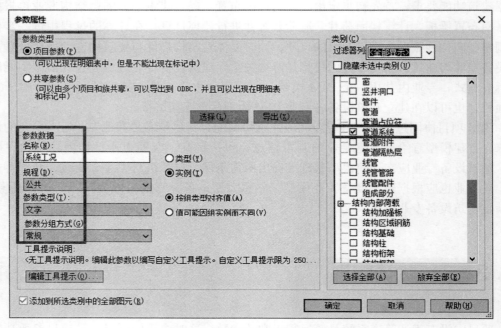

图 6-2　添加管道系统项目参数

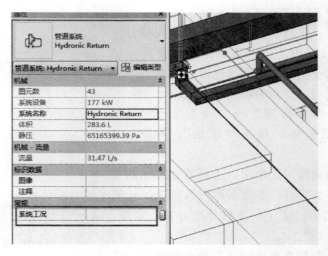

图 6-3　参数附值

图 6-4　选择系统的方法（一）

单击功能区中"视图"→"用户界面"，勾选"系统浏览器"选项，此时就打开了项目浏览器。我们便可以在系统浏览器中选择管道系统。如图 6-5、图 6-6 所示。

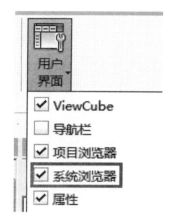

图 6-5　选择系统的方法（二）

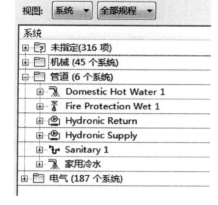

图 6-6　选择系统的方法（三）

添加项目参数的时候，我们也可以选择共享参数。共享参数定义保存在与任何族文件或 Revit 项目不相关的文件中；这样可以从其他族或项目中访问此文件。共享参数是一个信息容器定义，其中的信息可用于多个族或项目。使用共享参数在一个族或项目中定义的"信息"不会自动应用到使用相同共享参数的其他族或项目中。换而言之，如果需要多个项目使用同一个参数，或者需要用标记族标记此信息，必须使用共享参数。

单击功能区中"管理"→"共享参数"，如果之前没有创建共享参数文件，则需要创建一个，如图 6-7 所示。

图 6-7　创建共享参数（一）

共享参数是一个 txt 文档，可以传递。创建共享参数时，可以将其保存在电脑的某个文件夹中，如图 6-8 所示。

共享参数是要将参数分为若干个组，然后每个组内有若干个参数；不同组内的参数亦不能重名。如图 6-9 所示，我们建一个参数组，命名为公共。

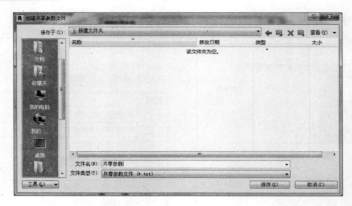

图 6-8　创建共享参数（二）

图 6-9　创建共享参数（三）

然后在公共组内，新建一个参数"系统工况"，如图 6-10 所示。

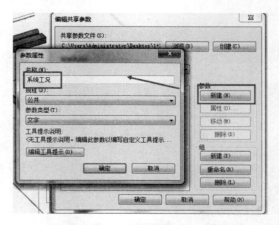

图 6-10　创建共享参数（四）

我们再回到项目参数添加界面，这时候选择共享参数，直接索引共享参数文件，选择参数即可。如图 6-11 所示

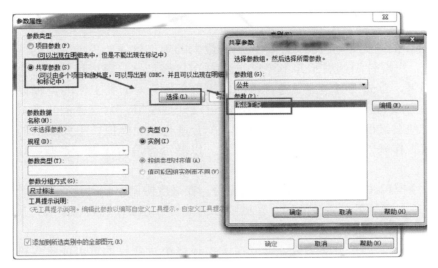

图 6-11　创建共享参数（五）

6.3　利用 BIM 模型进行管道系统安装与设备管理的方法

BIM 技术是 21 世纪工程建设行业中最炙手可热的技术之一，正以破竹之势在工程建设行业各领域引起一场信息化数字革命。BIM 技术允许通过三维建模的方式进行工程项目的展示与沟通，同时可以在模型中整合出工程过程中需要的相关信息。

对于建筑设备安装施工而言，面对施工环境和建筑设备系统的复杂性。运用 BIM 技术进行工程量统计、施工模拟等，智能分析可能出现的工程冲突和问题，提前优化工程方案和人员配置，以达到提高工程人员效率、提高工程质量的目的。

在传统的二维图纸设计中，由工程师人为发现和解决图纸存在的不协调问题不仅耗时耗力，而且会影响工程进度和质量。同时采用二维设计图来进行会审，人为的失误在所难免。应用 BIM 的三维可视化辅助图纸会审，形象直观。基于 BIM 的图纸会审会发现传统二维图纸会审所难以发现的许多问题，传统的图纸会审都是在二维图纸中进行图纸审查，难以发现空间上的问题，基于 BIM 的图纸会审是在三维模型中进行的，各工程构件之间的空间关系一目了然，通过软件的碰撞检查功能进行检查，可以很直观地发现图纸不合理的地方。消除变更与返工的主要工具就是 BIM 的碰撞检查。

通过 BIM 技术对工程模型进行碰撞检测，能很好地消除硬碰撞、软碰撞，优化工程设计。以减少施工阶段的错误，优化设计布置方案，从而更好的进行施工质量、成本、工期和安全的控制。

建筑设备安装施工之前运用 BIM 技术进行模拟，基于 BIM 技术的虚拟施工，可以根

据可视化效果看到并了解施工的过程和结果，更容易观察施工进度，且其模拟过程不消耗施工资源，可以很大程度地降低返工成本和管理成本，降低风险，增强管理者对施工过程的控制能力。基于 BIM 技术的进度管理主要包括进度计划的编制和执行监控两部分内容。

基于 BIM 的进度计划管理对工作量影响最大的地方就在于模型建立与匹配分析。在宏观模拟中，进度计划的展示并不要求详细的 BIM 模型，只需要用体量区分每个区域的工作内容即可。首先需要考虑是选择不同的模拟目标会对后续工作的流程以及选择的软件造成一系列影响。选择使用三维体量进行进度计划模拟，主要展示的是工作面的分配和交叉，方便对进度计划进行合理性分析。配合进行专项模拟，主要展示的是复杂、抽象的操作或工作条件，主要用于交底和沟通。以展示清楚为优先，平衡建模与模拟的工作量。

施工进度模拟在交底中的作用也非常显著，在进度协调中临时检查进度计划表中的各项关系，查找是效率低的重要原因，在进度协调时利用清晰直观的动画进行展示，减少了各方的理解歧义，以便达成共识。

把 BIM 模型和施工方案集成，可以在虚拟环境中对项目的重点或难点进行可建性模拟，譬如对管线的碰撞检测和分析、对场地、工序、安装模拟等，进而优化施工方案。通过模拟来实现虚拟的施工过程，在一个虚拟的施工过程中可以发现不同专业需要配合的地方，以便真正施工时及早做出相应的布置，避免等待其余相关专业或承包商进行现场协调，从而提高了工作效率。

设备管理是以建筑物作为主体出发，因此建筑物的完工数据是不可或缺，然而过去受限于技术及长久的习惯，完工信息大部分仅交付二维工程图供营运阶段使用，营运维护所需的信息未能完整且正确一致地被传递下来，数据缺失的情况相当常见，营运方需耗费额外时间与成本才能整合数据，供实际营运使用，例如当设备损坏需要更换或维修时，倘若缺少完整的数据，便无法得知设备兼容的型号，导致设施管理作业上的困难。

BIM 模型作为建筑物全生命周期的数据载体，在工程各阶段信息整合的过程中，提供统一数据交换方式，有助于工程信息的共享，对于未来营运阶段，BIM 能确保前期所输入的数据可持续地供设施管理专业人员使用，省去了过去统整或收集数据时间，直接提高数据的再利用率，降低营运阶段人力成本与人为错误的可能性。

进一步 BIM 模型所具备的虚拟三维建筑物数据，可提供复杂的管线系统，方便可视化的环境，让维修人员能更明确的掌握建筑物全貌，并可延伸作为设施管理系统的数据依据，用于研拟未来营运数字管理方式，在研拟的过程中，可分析建筑物分类架构、清查设备管理的数据项与内容，建立数字化管理流程与 BIM 模型进行整合，使其管理流程数据能与 BIM 模型的建筑物数据相互关联，强化数据的互动性，有助于提高设备管理的质量。

设备信息添加，可以通过项目参数或者族参数两种方式添加；项目参数仅存在于项目当中，其他项目不能复用；族参数随着族可以带到其他项目中，方便日后使用。如图 6-12 所示，在族中给设备添加设备信息，方便后期统一管理。

设备信息完善之后，可以将模型导入第三方运维平台，对设备进行管理维护。

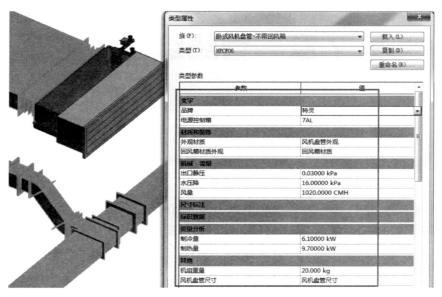

图 6-12 族参数添加

▶▶ 第 7 章　管线综合图制图

7.1　管线综合图制图

完成模型搭建和管线优化之后，本节内容讲解如何利用标准化模型制作管线综合平面图。在出图之前需将土建模型链接至设备模型中，作为底图来使用。点击【插入】选项卡，【链接】面板中的【链接 Revit】命令。链接之后点击【VV】【可见性/图形替换】命令，将链接的土建模型设置为【半色调】。

7.1.1　风管标注

点击【注释】选项卡下，【标记】面板上的【按类别标记】命令。选择相应的风管即可自动标注风管尺寸，如图 7-1 所示。

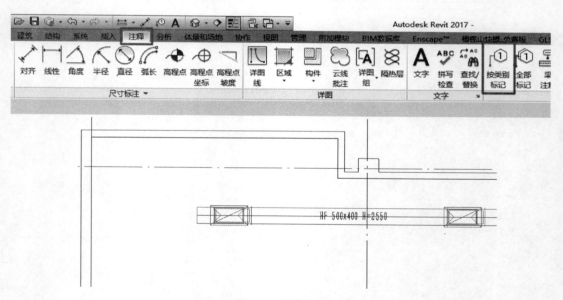

图 7-1　风管标注

7.1.2　风管附件、风道末端及机械设备标注

对于风管附件、风道末端及机械设备等构件，相应的类别有相应的标记族，使用方法

与风管标注相同，如图 7-2 所示为防火阀和轴流风机的类型标记，图 7-3 为风道末端的类型标记。

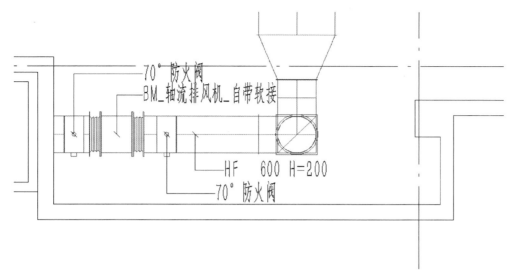

图 7-2　防火阀和轴流风机的类型标记

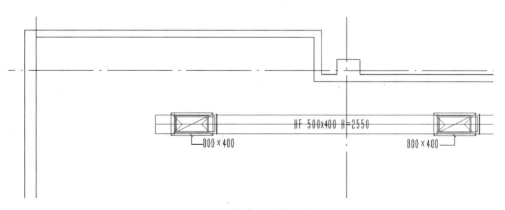

图 7-3　风道末端的类型标记

7.1.3　管道标记

水管尺寸的标记与风管相同，使用管道标记族进行标记，如图 7-4 所示，Revit 标记无法做到同时多重标记，只能逐个标记。

对于喷淋平面，管道分布比较密集且有规律，标记时可以使用【全部标记】。选中所有水平喷淋管道，单击【全部标记】，如图 7-5 所示，弹出对话框【标记所有未标记对象】。完成之后进行整理排布，删除不必要的管道标记。

在对话框【标记所有未标记对象】中，按照图 7-6 所示进行设置。

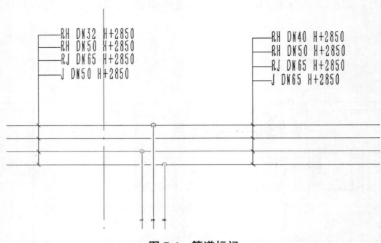

图 7-4　管道标记

图 7-5　全部标记

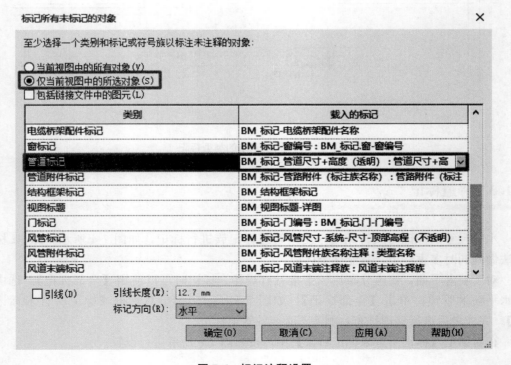

图 7-6　标记注释设置

7.1.4　电缆桥架标记

电缆桥架的标记与风管和管道的标记同样相同，点击【注释】选项卡下，【标记】面板上的【按类别标记】命令。选择相应的电缆桥架即可自动标注，如图 7-7 所示。

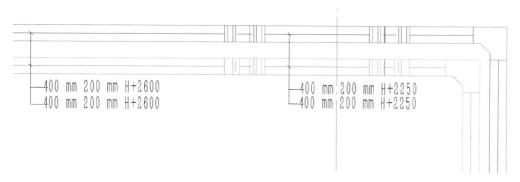

图 7-7　电缆桥架标记示例

7.2　成果输出

7.2.1　创建图纸

单击选项卡【视图】面板【图纸组合】→【图纸】命令，在弹出对话框中选择【BM _ 图框-标准标题栏-横式：A0】，完成如图 7-8 所示。

在项目浏览器中选择新建的图纸，单击鼠标右键选择【重命名】，修改其图纸标题如图 7-9 所示。

7.1
视图范围
的修改

在项目浏览器中双击【图纸（柏慕-制图）】项下的【暖施 _ 01 _ -1F 暖通风平面图】进入视图，选择【出图 _ -1F 暖通风平面图】拖拽至绘图区域的图纸中。

7.2
出图

同样方法新建图纸【水施 _ 02 _ -1F 给排水平面图】【水施 _ 03 _ -1F 喷淋消防平面图】【电施 _ 04 _ -1F 电缆桥架平面图】【管综 _ 01 _ -1F 管线综合平画图】、【管综 _ 02 _ 三维轴测轴承施工图】、【管综 _ 03 _ 预留洞口图】，如图 7-10～图 7-16 所示。

注意：每张图纸可布置多个视图，但每个视图仅可以放置到一个图纸上。要在项目的多个图纸中添加特定视图，请在项目浏览器中该视图名称上单击鼠标右键，在弹出的快捷菜单中选择【复制视图】→【复制作为相关】，创建视图副本，可将副本布置于不同图纸上。除图纸视图外，明细表视图、渲染视图、三维视图等也可以直接拖曳到图纸中。

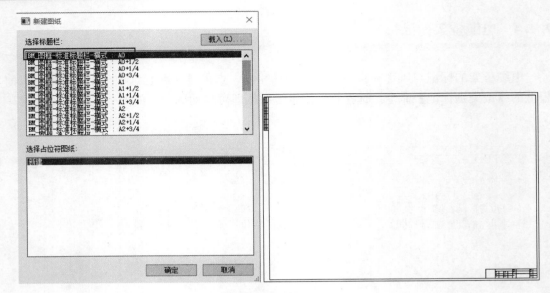

图 7-8　创建图纸

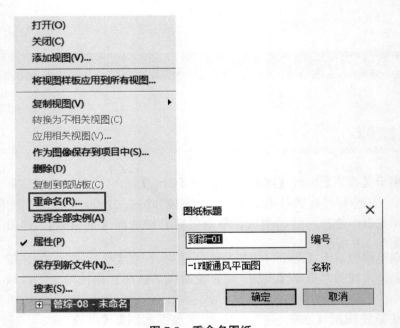

图 7-9　重命名图纸

　　如需修改视口比例，可在图纸中选择视口并单击鼠标右键，在弹出的快捷菜单中选择【激活视图】命令。此时【图纸标题栏】显示为灰色，单击绘图区域左下角视图控制栏比例，弹出比例列表，可选择列表中的任意比例值，也可选择【自定义】选项，在弹出的【自定义比例】对话框中将【100】更改为新值后单击【确定】，如图 7-17 所示。比例设置完成后，在视图中单击鼠标右键，在弹出的快捷菜单中选择【取消激活视图】命令完成比例的设置，保存文件。

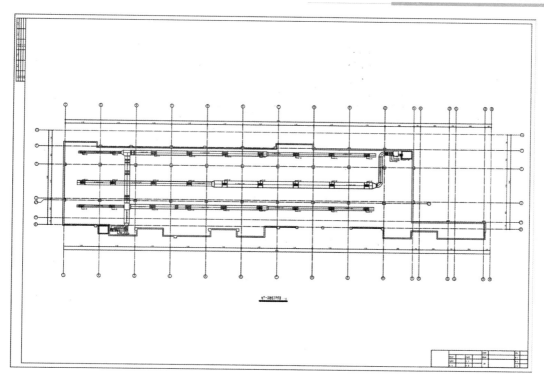

图 7-10　-1F 暖通风平面图

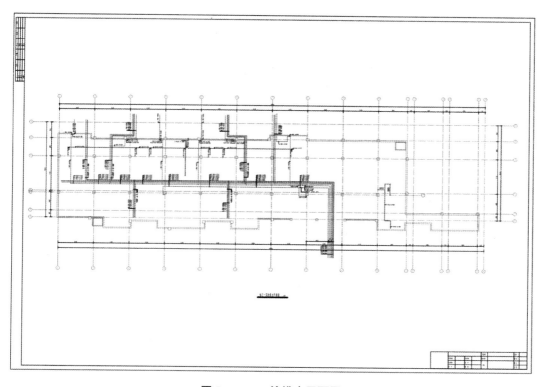

图 7-11　-1F 给排水平面图

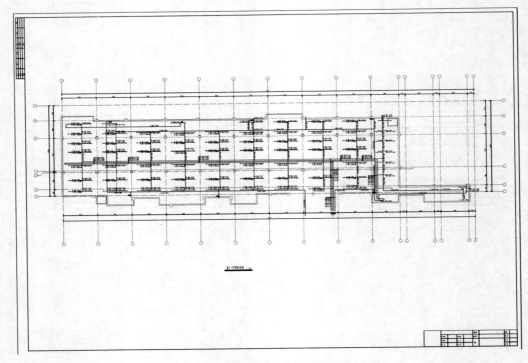

图 7-12 -1F 喷淋消防平面图

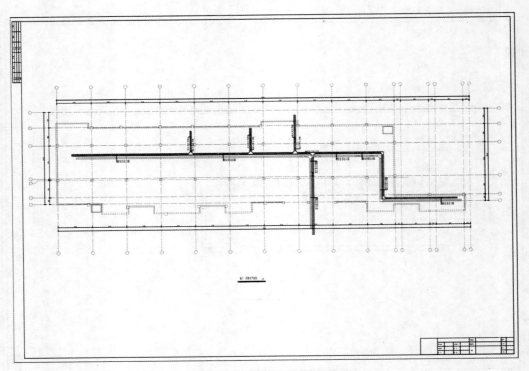

图 7-13 -1F 电缆桥架平面图

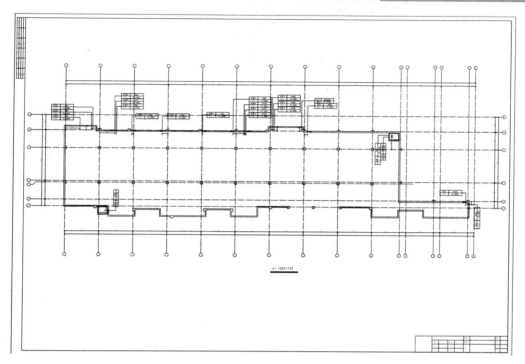

图 7-14　地下车库洞口平面图

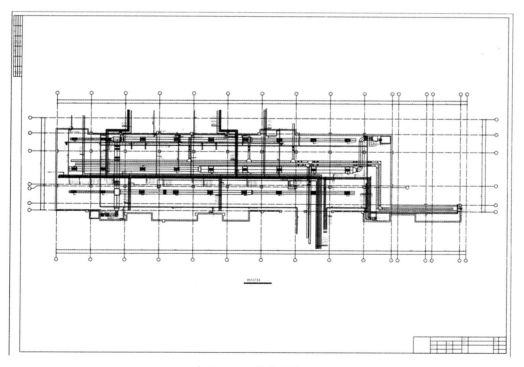

图 7-15　管线综合图

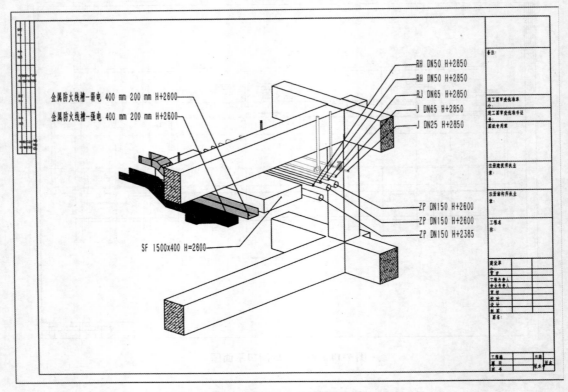

图 7-16　三维轴测图

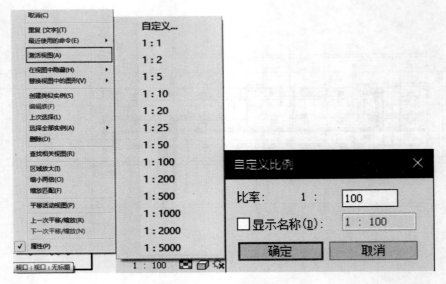

图 7-17　设置激活视图

7.2.2　图纸处理

在项目浏览器中双击【图纸（柏慕-制图）】项下的【暖施 _ 01 _ -1F 暖通风平面图】，进入视图，选择【暖通风平面图】，单击【属性】栏，视口选择【无标题】，单击【应用】，如图 7-18 所示。

7.3
视图设置

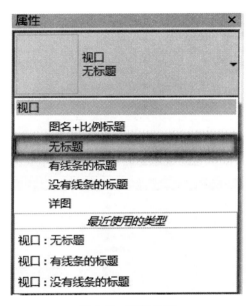

图 7-18　图纸处理

双击视口，激活视图，调整裁剪区域，对轴网及尺寸标注调整至适当位置，使视口在图纸位置适中。

同样方法对其他图纸的视口进行调整，完成保存文件。

7.2.3　设置项目信息

单击【管理】→【设置】→【项目信息】命令，在如图 7-19 所示对话框中录入项目信息，单击【确定】完成录入。

图纸里的设计人、审核人等内容可在图纸属性中进行修改，如图 7-20 所示。

至此完成了项目信息的设置。

7.4
项目浏览
器设备

7.2.4　图例视图

创建图例视图：单击【视图】→【图例】→【图例】，在弹出的【新图例视图】对话框中输入名称为【图例 1】，单击【确定】完成图例视图的创建，如图 7-21 所示。

图 7-19　设置项目信息（一）

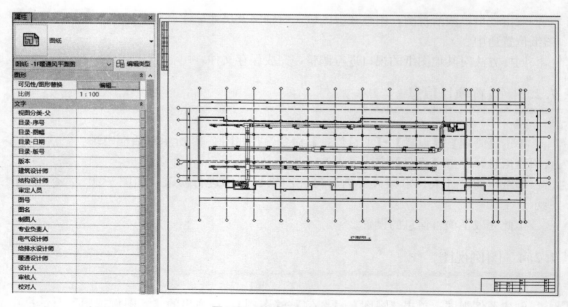

图 7-20　设置项目信息（二）

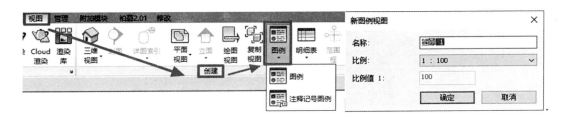

图 7-21　创建图例视图

选取图例构件：进入新建图例视图，单击【注释】→【构件】→【图例构件】，按图示内容进行选项栏设置，完成后在视图中放置图例，如图 7-22 所示。

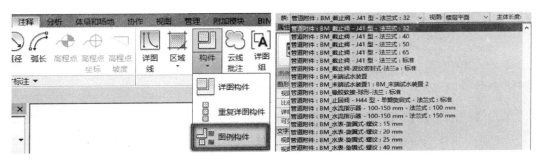

图 7-22　选取图例构件

重复以上操作，分别修改选项栏中的族为机械设备、管道附件、风管附件等，在图中进行放置，如图 7-23 所示。

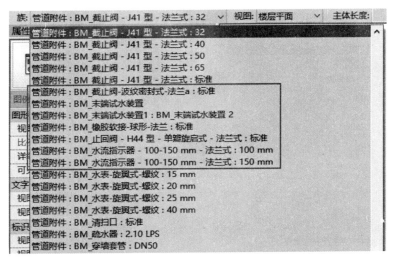

图 7-23　设置图例参数

添加图例注释：使用文字及尺寸标注命令，按图示内容为其添加注释说明，如图 7-24所示。

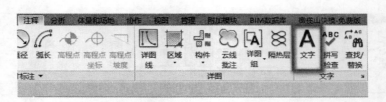

$\oslash$ BM_水表-旋翼式-螺纹 ： 40 mm

$\bowtie$ BM_截止阀 - J41 型 - 法兰式 ： 65

图 7-24　添加图例注释

7.2.5　图纸目录、措施表及设计说明

单击【柏慕软件】→【标准明细表】→【导入明细表】选项，在弹出的【导出明细表定义】对话框中选择模板【柏慕软件设备明细表】→【出图 _ 电-图纸目录】【出图 _ 暖-图纸目录】【出图 _ 水-图纸目录】，如图 7-25 所示。

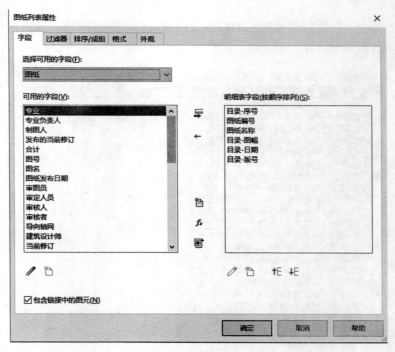

图 7-25　导出图纸目录（一）

若可用的字段中没有需要字段，可以单击【添加参数】为项目添加参数。切换到【排序/成组】选项卡，根据要求选择明细表的排序方式，切换到【外观】选项卡，取消勾选

【数据前的空行】，单击【确定】完成图纸目录的创建，如图 7-26 所示。

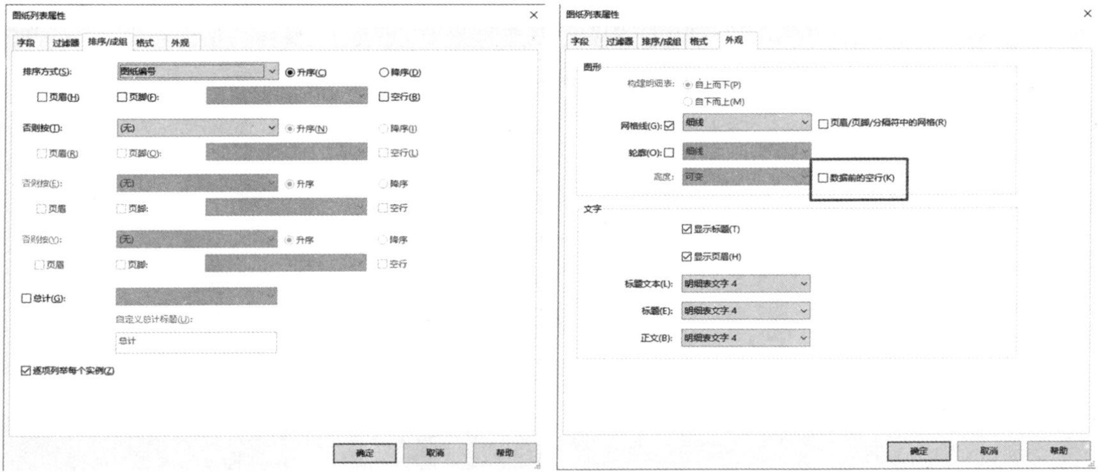

图 7-26　导出图纸目录（二）

进入图例视图，单击【注释】→【文字】，根据项目要求添加设计说明，如图 7-27 所示。

图 7-27　导出图纸目录（三）

7.2.6　图纸导出

新建图纸【建施-0A-设计说明】在项目浏览器中分别把设计说明、图纸目录拖拽到新建图纸中。创建图纸之后，可以直接导出图纸。

接上节练习，选择【柏慕软件】→【导出 DWG 文件】→【导出中国规范的 DWG】命令，弹出【Export DWG】对话框，单击另存为后方的【　】进行图纸位置确认，针对下方【视图范围】可导出当前所选图纸或导出所有的施工图图纸，如图 7-28 所示。（图纸：项目浏览器中所创建的图纸视口。视图：是指平立剖面，节点详图、三维视图、图例视口）。

单击【选项设置】会弹出【导出 DWG 选项】对话框。修改【图层和属性】【线型比例】【DWG 单位】并单击确定，如图 7-29 所示。

图层和属性的三种不同之处：

1.按图层导出类别属性，并按图元导出替换：具有视图专有图形替换的 Revit 图元将在 CAD 应用程序中将保留这些替换，与同一 Revit 类别中的其他图元位于同一 CAD 图层上。

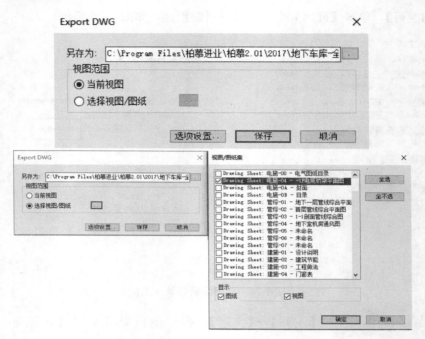

图 7-28　图纸导出（一）

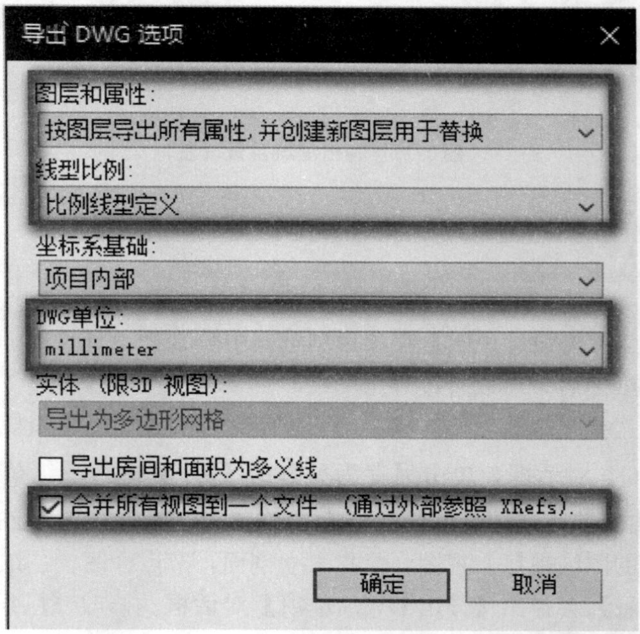

图 7-29　图纸导出（二）

2.按图层导出所有属性，但不导出替换：视图专有图形替换在 CAD 应用程序中将被忽略。任何导出的 Revit 图元将与同一 Revit 类别中的其他图元位于同一 CAD 图层上。通过强制使所有实体显示其图层定义的视觉属性，此选项所产生的图层数量较少，并允许按图层控制所导出的 DWG/DXF 文件。

3. 按图层导出所有属性，并创建新图层用于替换：具有视图专有图形的 Revit 图元将被放置在其自己的 CAD 图层上。使用此选项，可以按图层控制所导出的 DWG/DXF 文件并保留图形意图。但是，这样将增加导出的 DWG 文件中的图层数量。

线型比例的三种不同之处：

1. 比例线型定义：此选项通过导出以前按视图比例缩放的线型，可保留图形意图。

2. 模型空间（PSLTSCALE＝0）：此选项将 LTSCALE 参数设为视图比例，并将 PSLTSCALE 设为 0。

3. 图纸空间（PSLTSCALE＝1）：此选项将 LTSCALE 和 PSLTSCALE 的值均设为 1。

将缩放 Revit 线型定义以反映项目单位的变化；如果项目单位没有变化，则按原样导出。合并所有视图到一个文件（通过外部参照 XRefs）：包含链接模型。

单击 Export DWG 对话框中【保存】按钮，即可导出图纸。

▶▶ 第 8 章　工程量统计

8.1　创建明细表

8.1
出明细表

单击【柏慕软件】→【标注明细表】→【导入明细表】命令，弹出【导出明细表定义】对话框，选择模板中的【国标工程量清单明细表】→【清单 _ 电-电缆桥架】，如图 8-1 所示。

单击【确定】，弹出【清单 _ 电-电缆桥架】，单击左侧栏属性下方其他中的【排序/成组】，修改排序方式按照【项目编码】→【族与类型】→【长度】，勾选【族与类型】的【页脚】并单击确定，参数修改完成如图 8-2 所示。

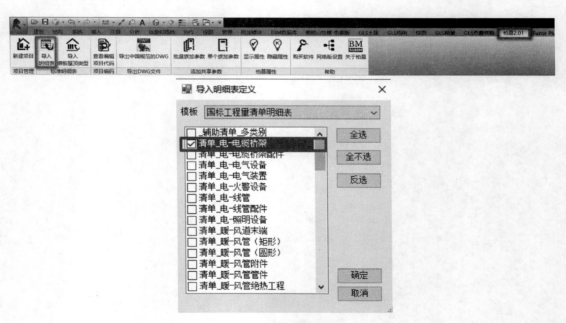

图 8-1　导入明细表定义

切换到【格式】选项卡，单击左侧栏中【长度】，标题修改为【工程量】，并打开右侧【字段格式】会弹出【格式】对话框，取消【使用项目设置】并保留两位小数，单位符号选择【mm】。切换到【外观】选项卡，取消勾选【数据前的空行】，如图 8-3 所示。

单击【确定】完成【清单 _ 电-电缆桥架】的创建，如图 8-4 所示。

同样方法对【暖通-风管】【水-管道】等，完成保存文件，如图 8-5 所示。

160

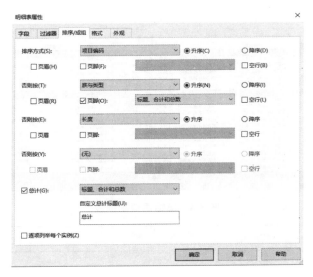

图 8-2　明细表参数修改（一）

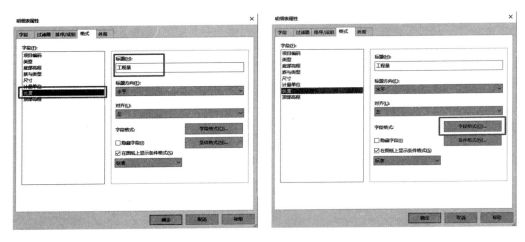

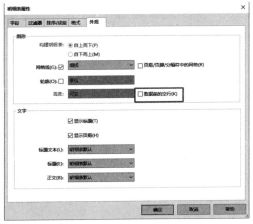

图 8-3　明细表参数修改（二）

〈清单_电-电缆桥架〉

A	B	C		D	E	F
		项目特征				
项目编码	项目名称	类与类型		规格	计量单位	工程量
030412002	金属防火线槽-弱电	带配件的电缆桥架: 金属防火线槽-弱电		400 mm×200		14740.89 mm
030412002	金属防火线槽-弱电	带配件的电缆桥架: 金属防火线槽-弱电		400 mm×200		6805.96 mm
030412002	金属防火线槽-弱电	带配件的电缆桥架: 金属防火线槽-弱电		400 mm×200		18435.00 mm
030412002	金属防火线槽-弱电	带配件的电缆桥架: 金属防火线槽-弱电		400 mm×200		14815.15 mm
030412002	金属防火线槽-弱电	带配件的电缆桥架: 金属防火线槽-弱电		400 mm×200		55090.28 mm
带配件的电缆桥架: 金属防火线槽-弱电: 5						109887.29 mm
030412002	金属防火线槽-强电	带配件的电缆桥架: 金属防火线槽-强电		300 mm×200		18010.72 mm
030412002	金属防火线槽-强电	带配件的电缆桥架: 金属防火线槽-强电		300 mm×200		6250.18 mm
030412002	金属防火线槽-强电	带配件的电缆桥架: 金属防火线槽-强电		400 mm×200		13247.66 mm
030412002	金属防火线槽-强电	带配件的电缆桥架: 金属防火线槽-强电		400 mm×200		9167.91 mm
030412002	金属防火线槽-强电	带配件的电缆桥架: 金属防火线槽-强电		400 mm×200		18067.06 mm
030412002	金属防火线槽-强电	带配件的电缆桥架: 金属防火线槽-强电		400 mm×200		3720.58 mm
030412002	金属防火线槽-强电	带配件的电缆桥架: 金属防火线槽-强电		400 mm×200		9856.70 mm
030412002	金属防火线槽-强电	带配件的电缆桥架: 金属防火线槽-强电		400 mm×200		9248.76 mm
030412002	金属防火线槽-强电	带配件的电缆桥架: 金属防火线槽-强电		400 mm×200		6792.94 mm
030412002	金属防火线槽-强电	带配件的电缆桥架: 金属防火线槽-强电		400 mm×200		27304.90 mm
030412002	金属防火线槽-强电	带配件的电缆桥架: 金属防火线槽-强电		400 mm×200		13206.10 mm
带配件的电缆桥架: 金属防火线槽-强电: 11						134873.46 mm
总计: 16						244760.75 mm

图 8-4　电缆桥架明细表

〈清单_暖-风管（矩形）〉

A	B	C	D		E	F	G
			项目特征				
项目编码	项目名称	系统类型	类与类型		尺寸	计量单位	工程量
030702001	SF送风-镀锌钢板	SF送风	矩形风管: SF送风-镀锌钢板		400×400		0.689 m²
030702001	SF送风-镀锌钢板	SF送风	矩形风管: SF送风-镀锌钢板		800×400		23.057 m²
030702001	SF送风-镀锌钢板	SF送风	矩形风管: SF送风-镀锌钢板		1000×400		73.302 m²
030702001	SF送风-镀锌钢板	SF送风	矩形风管: SF送风-镀锌钢板		1500×400		115.990 m²
矩形风管: SF送风-镀锌钢板: 29							213.039 m²
030702003	HF回风-镀锌钢板	HF回风	矩形风管: HF回风-镀锌钢板		500×400		27.771 m²
030702003	HF回风-镀锌钢板	HF回风	矩形风管: HF回风-镀锌钢板		600×600		1.871 m²
030702003	HF回风-镀锌钢板	HF回风	矩形风管: HF回风-镀锌钢板		800×400		110.080 m²
030702003	HF回风-镀锌钢板	HF回风	矩形风管: HF回风-镀锌钢板		1000×400		73.947 m²
030702003	HF回风-镀锌钢板	HF回风	矩形风管: HF回风-镀锌钢板		1050×400		76.534 m²
030702003	HF回风-镀锌钢板	HF回风	矩形风管: HF回风-镀锌钢板		1200×400		42.730 m²
矩形风管: HF回风-镀锌钢板: 59							332.934 m²
030702006	HF回风_玻璃钢管	HF回风	圆形风管: HF回风_玻璃钢管		φ600		3.737 m²
圆形风管: HF回风_玻璃钢管: 4							3.737 m²
总计: 92							549.710 m²

〈清单_水-管道〉

A	B	C		E
		项目特征		
项目编码	项目名称	规格	系统类型	工程量
030901001	YP压力排水_钢管	Φ100	YP压力排水系统	32.076 m
030901001	ZP喷淋_钢管	Φ25	ZP自动喷淋系统	572.342 m
030901001	ZP喷淋_钢管	Φ32	ZP自动喷淋系统	67.471 m
030901001	ZP喷淋_钢管	Φ40	ZP自动喷淋系统	4.814 m
030901001	ZP喷淋_钢管	Φ50	ZP自动喷淋系统	68.258 m
030901001	ZP喷淋_钢管	Φ65	ZP自动喷淋系统	49.068 m
030901001	ZP喷淋_钢管	Φ80	ZP自动喷淋系统	13.707 m
030901001	ZP喷淋_钢管	Φ100	ZP自动喷淋系统	23.505 m
030901001	ZP喷淋_钢管	Φ150	ZP自动喷淋系统	270.494 m
030901001: 554				1101.734 m
030903001	X消防_镀锌钢管	Φ65	X消火栓	22.947 m
030903001	X消防_镀锌钢管	Φ100	X消火栓	161.066 m
030903001: 45				184.014 m
031001003	J给水_不锈钢管	Φ20	J给水系统	38.894 m
031001003	J给水_不锈钢管	Φ25	J给水系统	0.551 m
031001003	J给水_不锈钢管	Φ32	J给水系统	96.703 m
031001003	J给水_不锈钢管	Φ40	J给水系统	38.953 m
031001003	J给水_不锈钢管	Φ50	J给水系统	77.354 m
031001003	J给水_不锈钢管	Φ65	J给水系统	38.650 m
031001003	J给水_不锈钢管	Φ100	J给水系统	22.430 m
031001003	J给水_不锈钢管	Φ20	RH热水回水	35.440 m
031001003	J给水_不锈钢管	Φ25	RH热水回水	57.264 m
031001003	J给水_不锈钢管	Φ32	RH热水回水	5.013 m
031001003	J给水_不锈钢管	Φ40	RH热水回水	24.771 m
031001003	J给水_不锈钢管	Φ50	RH热水回水	117.040 m
031001003	J给水_不锈钢管	Φ25	RJ热水给水	31.150 m
031001003	J给水_不锈钢管	Φ32	RJ热水给水	57.031 m
031001003	J给水_不锈钢管	Φ65	RJ热水给水	77.447 m
031001003: 224				718.689 m
031001005	Y雨水_铸铁管	Φ150	Y雨水系统	59.462 m
031001005	Y雨水_铸铁管	Φ200	Y雨水系统	4.344 m
031001005: 30				63.806 m
总计: 853				2068.243 m

图 8-5　水暖明细表

8.2　创建多类别明细表

　　单击【柏慕软件】→【标准明细表】→【导入明细表】选项，在弹出的【导入明细表定义】对话框中选择【辅助清单 _ 多类别】，单击【确定】按钮。

　　设置过滤器、排序/成组、格式、外观等属性，确定创建多类别明细表。

8.3　导出明细表

　　打开要导出的明细表，单击【应用程序菜单】，选择【导出】→【报告】→【明细表】命令，在【导出】对话框中指定明细表的名称和路径，单击【保存】按钮将该文件保存为分隔符文本，如图 8-6 所示。

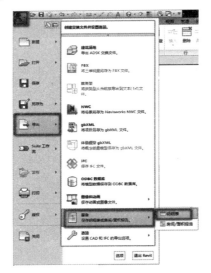

图 8-6　导出明细表（一）

在【导出明细表】对话框中设置明细表外观和输出选项，单击【确定】按钮，完成导出，如图 8-7 所示。

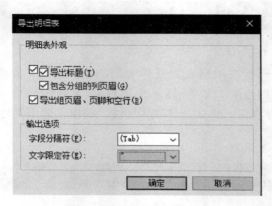

图 8-7 导出明细表（二）

启动 Microsoft Excel 或其他电子表格程序，打开导出的明细表，如图 8-8 所示，即可进行任意编辑修改。

项目编码	项目名称	系统类型	项目特征		计量单位	工程量
			族与类型	尺寸		
			清单_暖-风管（矩形）			
30702001	SF送风-镀锌钢板	SF送风	矩形风管: SF送风-镀锌钢板	400x400		0.689 m²
30702001	SF送风-镀锌钢板	SF送风	矩形风管: SF送风-镀锌钢板	800x400		23.057 m²
30702001	SF送风-镀锌钢板	SF送风	矩形风管: SF送风-镀锌钢板	1000x400		73.302 m²
30702001	SF送风-镀锌钢板	SF送风	矩形风管: SF送风-镀锌钢板	1500x400		115.990 m²
矩形风管: SF送风-镀锌钢板: 29						213.039 m²
30702003	HF回风-镀锈钢板	HF回风	矩形风管: HF回风-镀锈钢板	500x400		27.771 m²
30702003	HF回风-镀锈钢板	HF回风	矩形风管: HF回风-镀锈钢板	600x600		1.871 m²
30702003	HF回风-镀锈钢板	HF回风	矩形风管: HF回风-镀锈钢板	800x400		110.080 m²
30702003	HF回风-镀锈钢板	HF回风	矩形风管: HF回风-镀锈钢板	1000x400		73.947 m²
30702003	HF回风-镀锈钢板	HF回风	矩形风管: HF回风-镀锈钢板	1050x400		76.534 m²
30702003	HF回风-镀锈钢板	HF回风	矩形风管: HF回风-镀锈钢板	1200x400		42.730 m²
矩形风管: HF回风-镀锈钢板: 59						332.934 m²
30702006	HF回风_玻璃钢管	HF回风	圆形风管: HF回风_玻璃钢管	∅600		3.737 m²
圆形风管: HF回风_玻璃钢管: 4						3.737 m²
总计: 92						549.710 m²

图 8-8 多类别明细表